厦门大学知识产权研究丛书

总主编 林秀芹

版权法视野下的技术措施制度研究

董慧娟◎著

Study on Technology Measures System
in the Field of Copyright Law

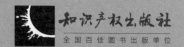

知识产权出版社

全国百佳图书出版单位

图书在版编目（CIP）数据

版权法视野下的技术措施制度研究／董慧娟著．—北京：知识产权
出版社，2014.7

ISBN 978 – 7 – 5130 – 2878 – 3

Ⅰ.①版… Ⅱ.①董… Ⅲ.①技术措施 – 制度 – 研究 Ⅳ.①TB497

中国版本图书馆 CIP 数据核字（2014）第 179327 号

责任编辑：刘 睿 刘 江 责任校对：董志英
特约编辑：朱那新 责任出版：刘译文

版权法视野下的技术措施制度研究
Banquanfa Shiyexia de Jishu Cuoshi Zhidu Yanjiu
董慧娟 著

出版发行：知识产权出版社 有限责任公司	网 址：http：//www.ipph.cn
社 址：北京市海淀区马甸南村 1 号	邮 编：100088
责编电话：010 – 82000860 转 8113	责编邮箱：liurui@ cnipr.com
发行电话：010 – 82000860 转 8101/8102	发行传真：010 – 82000893/82005070/82000270
印 刷：保定市中画美凯印刷有限公司	经 销：各大网上书店、新华书店及相关专业书店
开 本：720mm×960mm 1/16	印 张：17
版 次：2014 年 8 月第一版	印 次：2014 年 8 月第一次印刷
字 数：200 千字	定 价：38.00 元
ISBN 978 – 7 – 5130 – 2878 – 3	

前　言

　　2010 年，涉及针对苹果公司的"解锁"和"越狱"行为的"苹果"事件备受世人瞩目。众所周知，iPhone 手机对其消费者所使用的软件有着严格的限制，并且禁止使用者对手机内部的系统和软件进行破解。然而，为了获取相对的自由空间，许多用户却对 iPhone 手机实施了"越狱"（jailbreak）行为（一种破解行为），以便下载或者继而下载了未经"苹果"审核的软件。对苹果公司而言，这无疑是公然的"挑衅"。对苹果手机的"解锁"和"越狱"行为，其性质是合法还是非法，引发了社会大众的广泛讨论。❶

　　从 1996 年世界知识产权组织的"互联网条约"❷ 将技术措施保护纳入版权法开始至今，技术措施制度走过了不足 20 年的发展历程。作为一个年轻的制度，其在实践中和理论上均已暴露出若干缺陷和不足。实践中，版权人利用该制度发起了又一次"圈地运动"，扩张权利范围之势愈演愈烈。理论上，技术措施制度与传统版权法格格不入。于是乎，对技术措施采用及保护的规制和限制问题在世界范围内备受瞩目，加强对其的理论研究也显得尤为重要。

---

　　❶　谁动了我的苹果 [J]. 电子知识产权，2010，(10)：29 - 31.
　　❷　此处的"互联网条约"指《世界知识产权组织版权条约》（WCT）和《世界知识产权组织表演及录音制品条约》（WPPT）。

技术措施保护问题被仓促纳入 WCT 和 WPPT 这两个国际条约，是新技术发展所催生的国际协调。❶ 这一仓促的变化使我们的社会大众还来不及作出充分反应，使学者还来不及深入思考和探究技术措施的本质和法律性质等问题，就都被连带着陷入了直接用法条规定去替代法理分析的泥沼。笔者认为，这是一种十分错误而且危险的现象和趋势。这是因为，任何权利或利益的保护都必须具有正当性，技术措施也不例外。不仅技术措施的保护需要从根源上寻求正当性，而且技术措施保护的相关规定均应当接受传统版权法关于保护条件、保护限度等方面的检验，以减弱其"超版权"色彩或者"横空出世"的嫌疑，唯此才能缓和其"准著作财产权性"，回复其作为一种维权手段的本来面目，从而重新恢复版权法业已确立的利益平衡状态，并使该制度更为自然地融入传统版权法的体系，与合理使用等制度和谐共处。

鉴于此，笔者希望以本书抛砖引玉，唤起更多人对技术措施制度和相关问题的关注和研究。本书试图在版权法的范围内系统性解读现代国际知识产权法律框架下的技术措施制度。本书先从科技哲学和技术伦理学的角度对技术和技术措施进行解读，在简单回顾技术措施制度的发展历程后，重点探讨该制度在理论层面的主要分歧，并密切结合司法实践，重点揭示该制度对若干公共利益的不利影响，最后提出完善该制度的建议。

---

❶ 学者李琛在《论知识产权法的体系化》中指出："新技术带来的问题迫切地需要答复，会加快国际协调的步伐。解答的迫切性容不得深思熟虑，导致一些纯粹出于利益较量的非理性方案迅速影响各国立法，并终结了合理性的探讨。"技术措施就是一个典型例子。"面对日益严重的侵权行为，著作权人开始采用技术措施保护作品，为了制止破坏技术措施的行为"，在两个著作权条约中写入了技术措施的保护条款，"并因此影响到越来越多的国内立法"。李琛. 论知识产权法的体系化 [M]. 北京：北京大学出版社，2005：96.

目　　录

Contents

著作权的重点不应在保障"私人财产"，而是应该产生一种著作权政策，既能鼓励有创意的表现，又不会限制未来创作者的前途。

——［美］希瓦·维迪亚那桑 *

　　* ［美］希瓦·维迪亚那桑. 著作权保护了谁？［M］. 陈宜君，译. 台北：商周出版社，2003.

第一章 导　　论

第一节　问题的提出

曾几何时，"数字时代"成了一个流行语。伴随着数字时代的来临，世界范围内掀起了对知识产权制度（包括版权❶制度）进行反思与调整的理性化浪潮，这其中也包括对作为版权法重要组成部分的"技术措施制度"的深刻反省。从版权法的发展过程来看，技术措施之所以被纳入版权法的调整范围，最初目的是为了加强对版权人及相关权利人权益的保护，而其最终目的是为了更好地激励创新、促进更多文学艺术作品的问世。

然而，由于技术自身的快速发展、技术垄断以及信息的不对称性等原因，加上相关法律规则的不完善，版权法中的技术措施制度在部分国家的运作实践表明，该制度并不像人们最初所想象的那么美好。作为一个年轻的制度，其在理论上和实践中均已暴露出若干缺陷和不足。

---

❶ 如无特别说明，本书中的"版权"与"著作权"是同义语。

3

一、技术措施制度的法律范畴

在理论层面，技术措施制度饱受争议，且面临着不少挑战。人们对技术措施制度的质疑有许多方面，包括技术措施保护的正当性和法理依据问题。然而，在诸多问题中，最基础的、最具有争议性的问题却是技术措施以及技术措施保护的本质，也即技术措施的法律性质以及规避技术措施行为的法律性质问题。就该问题而言，学者间意见不一、分歧不小，至少有三种不同观点。可见，在技术措施制度本身的基础理论方面，尚待进一步深入研究，以避免法律理解和法律解释上的模糊或者分歧。

二、技术措施制度与传统版权法的不协调

由于技术措施制度的"横空出世"，也由于技术措施自身的技术性和特殊性，其在传统的版权法中显得格格不入。比如，该制度与传统版权法的体系和内容均存在不协调之处，尤其是与合理使用制度之间可能发生激烈的冲突。虽然有部分国家在版权立法中已经作出了一定的安排，但若要在保护技术措施的同时确保原有的合理使用制度不受影响，是相当困难的。另外，对技术措施的保护与版权侵权之间是何关系、技术措施规避行为是否独立的版权侵权行为、技术措施规避行为所导致的法律责任等问题也均未厘清。可见，在将技术措施制度纳入版权法的范围之后，该制度与传统版权法的融合、与传统版权法中其他制度或内容的协调等问题还是悬而未决的大工程。

三、技术措施保护与若干公共利益的冲突

除了以上列举的理论困惑之外，技术措施制度在实践中也显露

出种种负面影响。最严重的问题在于，在现实生活和司法实践中，技术措施这一技术工具和版权法对技术措施的保护这一法律工具似乎已沦为版权人及相关利益团体扩张势力范围的工具，他们利用技术措施发起了又一次"圈地运动"，微软"黑屏"事件和数字产品的捆绑销售就是典型例子，这类行为往往会对消费者福利或者竞争秩序直接造成不良影响，显然构成对技术措施的滥用。

　　在实践中，技术措施的采用以及版权法对技术措施的保护已经导致了种种不良后果，如广大公众阅读和复制相关作品的自由被剥夺或者受限制，用户获取信息的可能性大大降低，使用者的合理使用空间被压缩，消费者的切身利益遭到损害，正当竞争秩序遭到破坏，等等。以美国为例，技术措施制度的实施给人的感觉是保护有余、限制不足，其保护水平已经超越了社会公众的容忍限度，对学术研究、言论自由、技术创新和消费者福利等均造成了较严重的负面影响；美国的《数字千年版权法》（DMCA）❶ 第1201条也遭到了广泛而严厉的批评。可见，技术措施制度兹事体大，其与若干公共利益之间存在着不小的冲突。

　　针对上述种种问题，许多国家和地区纷纷开始对技术措施制度进行反思和检视，并用客观的态度来评估该制度对使用者、用户、消费者的利益以及对科技发展、言论自由、信息获取等公共利益的潜在消极影响。例如，美国、法国、德国等均在最近几年频繁修改本国版权法，其中就涉及对技术措施相关规则的调整和更新，包括对技术措施保护的例外或限制规则的增加、细化、更新和完善等。其中，美国是对技术措施制度予以定期调查、评估和更新的典型

---

　　❶ 美国于1998年通过了该法案，全称为 *The Digital Millennium Copyright Act of 1998*，以下简称 DMCA。

例子。

然而，与上述国家形成鲜明对比的是，我国著作权法等法律法规中技术措施制度的相关条款远未完善，诸如反向工程、加密研究等若干重要例外或限制情形尚未在立法中得以体现；对技术措施的运用本身的限制性条款也很缺乏；技术措施破解行为中极少数被豁免的例外情形也仅在层次较低的法律法规文件中出现。这种立法状况也许迟早将对我国司法实践造成不利影响，还可能对合理使用、技术创新等方面造成阻碍。在日新月异的数字化时代，这一问题急需引起我们的重视。科技的迅猛发展使立法者通常只能扮演技术追随者的角色，疲于跟从技术的脚步，但却无暇也无力反思。正因为如此，对版权法中技术措施制度的及时反省才显得更为重要、更为迫切！

第二节　研究背景和研究意义

一、研究背景

在《世界知识产权组织版权条约》（以下简称 WCT）和《世界知识产权组织表演及录音制品条约》（以下简称 WPPT）这两个"互联网条约"通过之前，由世界知识产权组织（WIPO）管理的所有国际条约以及《与贸易有关的知识产权协议》（TRIPs 协议）都没有任何关于技术措施或权利管理信息的规定。❶ 但在这两个"互联网条约"将技术措施纳入版权法的保护范围之后，各缔约国纷纷在立法中确认

---

❶ ［匈］米哈依·菲彻尔. 版权法与因特网（上）［M］. 郭寿康，万勇，相靖，译. 北京：中国大百科全书出版社，2009.

了对技术措施的保护。然而，在实践中，该制度逐渐显露出自身的缺陷，比如，过于注重版权人和邻接权人的私人利益，过分维护产业利益，在某种程度上忽视甚至漠视了公众利益和公共领域，私人利益与公共利益的维护之间大大失衡。为抑制技术措施制度的不足所导致的对合理使用、科技发展、竞争等方面的消极影响，恢复和实现利益平衡，必须理性地对待技术措施的保护问题，对其施加必要的限制。近几年，部分国家和地区已经逐渐认识到上述问题并开始对技术措施制度进行反思。在高新技术日新月异的今天，回顾技术措施制度的产生和发展历史以及重新思考技术措施制度创设的根本出发点，客观而理性地评估该制度的实际效果，显得尤为重要。

在上述背景下，本书以技术措施制度为主题展开研究，尝试在对技术措施制度的历史发展予以回顾、对该制度本身进行理论剖析的基础上，结合美国、德国等国家的司法实践尤其是典型案例，反思技术措施制度的正确定位，探索技术措施制度的调整与完善方向，以实现版权业者利益与使用者利益的平衡，并抑制该制度对合理使用、信息获取、科技发展、竞争秩序等公共利益方面的消极影响。

二、研究意义

（一）理论意义

在版权法中，技术措施制度涉及若干重大理论问题。其不仅涉及版权人和其他权利人的权利范围和切身利益，还涉及与传统版权法体系和内容的融合问题，尤其是与版权法中若干传统法律制度以及版权法基本原则的协调问题，包括合理使用制度、利益平衡原则等。对技术措施的保护范围和保护强度的大小，直接决定着公共领域的大小。同时，关于技术措施的法律性质、规避技术措施行为的法律性质及版权法对技术措施的反规避保护的本质等理论问题，目前在学界尚无定论，而这些均是版权法中的重要理论问题，急需厘清，以避免基础理论和法律解释上的重大分歧，以便更好地服务于司法实践。当然，对这些理论问题的解答也是技术措施制度自身发展和完善的需要。因此，以版权法中的技术措施制度为主题展开研究无疑具有重要的理论意义。

（二）实践意义

在现实生活中，对技术措施的保护在很大程度上会涉及消费者利益保护、知识产权滥用等问题，而且极有可能对合理使用、技术创新等公众利益或者公共利益产生若干消极影响。技术措施制度的实际运作效果举足轻重。一国版权法对技术措施的保护程度，将直接对某些产业的发展、创新的激励以及公共领域的维护等重要方面产生影响。因此，深入探讨技术措施制度在实际运作过程中对若干公共利益的潜在消极影响，揭示该制度是如何影响这些公共利益的，并在此基础上寻求合适的解决之道，从而对版权法对技术措施的保护范围和保护强度进行调整，特别是对技术措施的采用予以规制或限制、对技术措施保护的例外规则予以完善，无疑具有重大的实践意义。

第三节　国内外研究现状

一、国内研究现状

迄今为止，国内专门探讨技术措施制度的专著几乎没有，有些著作在某些章节涉及该制度，但探讨并不深入。以"技术措施"为关键词在"中国期刊网"检索后发现，相关论文有 100 篇左右，其中包括 30 篇左右硕士学位论文，尚无该选题方面的博士学位论文。

中文类文献的研究内容主要包括以下六个方面：（1）介绍主要国家技术措施制度的立法现状，包括美国以《数字千年版权法》第 1201 条为代表的立法及司法，欧盟、澳大利亚等国对技术措施的保护现状，中国的相关立法等❶；（2）对现有的技术措施制度的立法或司法实践进行评价或反思，提出改进或完善方面的建议❷；（3）介绍部分国家的相关典型案例❸；（4）分析技术措施的法律性质❹；（5）论述技术措施与合理使用制度的关系，包括对合理使用制度的影响、如何与合理使用制度协调等❺；（6）涉及技术措施制

---

❶　曹世华．数字时代反规避权立法的比较与反思［J］．时代法学，2006，（3）；金玲．反规避技术措施立法研究［A］．唐广良．知识产权研究（第九卷）［C］．北京：中国方正出版社，2000.

❷　黄武双、李进付．再评北京精雕诉上海奈凯计算机软件侵权案——兼论软件技术保护措施与反向工程的合理纬度［J］．电子知识产权，2007，（10）；姚鹤徽、王太平．著作权技术保护措施之批判、反思与正确定位［J］．知识产权，2009，（6）；祝建军．对我国技术保护措施立法的反思——以文泰刻绘软件著作权案一审判决为例［J］．电子知识产权，2010，（6）.

❸　王迁，朱健．技术措施的"有效性"标准——评芬兰 DVD-CSS 技术措施保护案［J］．电子知识产权，2007，（9）；陈嘉欣．评武汉适普软件有限公司诉武汉地大空间信息有限公司侵犯计算机软件著作权纠纷案——对比北京精雕科技有限公司诉上海奈凯电子科技有限公司著作权侵权纠纷案浅论技术措施的构成要件［J］．中国商界，2010，（7）；孙雷．由 Real DVD 案谈技术措施保护若干问题［J］．知识产权，2010，（1）.

❹　邵忠银．技术措施及其规避与私力救济［J］．广西青年干部学院学报，2007，（5）；李士林．论技术措施之性质［J］．福建政法管理干部学院学报，2005，（3）.

❺　黄骥．著作权合理使用的法益性质与法律保障——兼论技术措施背景下实现合理使用的新模式［J］．三峡论坛，2010，（4）；窦玉前．技术措施保护与合理使用的协调［J］．学术交流，2007，（11）.

度中的利益冲突与平衡以及对技术措施滥用的规制或限制❶。

二、国外研究现状

迄今为止，从法律角度对技术措施制度展开研究的专著几乎没有，只有少数涉及与数字版权管理有关的著作及论文集。以 anticircumvention，Digital Rights Management 或者 DRM❷ 为关键词在 Lexisnexis，Heonline，Westlaw 等专业法律外文数据库中检索后发现，与反规避条款和技术措施有关的法律方面的代表性英文论文有 40 余篇。其中，有代表性的英文论文的主要研究内容包括以下四个方面：（1）对美国 DMCA 法案第 1201 条的反思、改革或完善❸；（2）反规避条款对科技发展、公共利益、竞争等方面的不利影响❹；（3）技术措施保护的现行立法存在的问题及对策，包括技术措施保护对互

---

❶ 李丕赋，吴雅峰. 寻求利益的平衡点——著作权法上技术措施认定的法律研究 [J]. 科技与法律，2008，（6）；李国英. 论技术措施版权保护中的利益冲突与协调 [J]. 江海学刊，2007，（3）；王迁. 滥用"技术措施"的法律对策——评美国 Skylink 案及 Static 案 [J]. 电子知识产权，2005，（1）；黎运智. 公众基本权利视域下的技术措施保护问题 [J]. 图书情报工作，2008，（10）.

❷ DRM 即 Digital Rights Management 的简称，可译为"内容数字版权加密保护技术""数字权利管理"或"数字版权管理"。在数字技术时代，数字化信息需要一种独特的技术以保护其版权，该技术发展的结果之一就是 DRM。

❸ Wagner，R. Polk. Reconsidering the DMCA [J]. Houston Law Review，2005，42（4）；Torsen，Molly. Lexmark，watermarks，skylink and marketplaces：misuse and misperception of the digital millennium copyright act's anticircumvention provision [J]. Chicago-Kent Journal of Intellectual Property，2004，（4）.

❹ Samuelson，Pamela. Anticircumvention rules：threat to science [J]. Science，2001：293.

联互通性的背离等❶；（4）对技术措施或反规避条款的经济分析❷。

在国外的立法和司法方面，欧盟、美国、印度、澳大利亚等国家和地区虽然都承认对技术措施的保护，但保护范围、条件和程度各异。部分国家已经开始反思该制度甚至针对立法进行修改，补充、完善技术措施保护的例外，或在司法实践中对可能滥用的情形予以规制或限制。

三、对研究现状的简要评价

从研究现状和既有的研究成果来看，总体而言，对技术措施制度的反思与调整似乎代表着技术措施制度研究的主流方向和发展趋势，但基于技术措施制度本身的错综复杂性，现有研究存在着明显不足，对部分基础性理论问题的研究也不够深入。其至少包括以下几个问题：对技术措施的法律性质，学者们似未达成一致意见；关于技术措施的具体保护范围及保护条件，各国立法和司法实践的态度存在或大或小的差异；如何在版权法中对技术措施进行准确、合理的重新定位，尤其是如何调整或重构技术措施制度、如何确定合适的保护水平等问题，无论是对西方发达国家还是对发展中国家而言，均需具体结合本国国情，进行更深入的研究。

---

❶ Burk，Dan L. Anticircumvention Misuse ［J］. UCLA L. Rev.，2003：50；Perzanowski，Aaron K. Rethinking Anticircumvention's Interoperability Policy ［J］. University of California，Davis，2009：42.

❷ Rothchld，John A. The social costs of technological protection measures ［J］. Florida State University Law Review，2007：34.

第四节　本书的主要内容和创新点

一、本书的主要研究内容

本书首先对"技术"和"技术措施"这两个术语进行解读，明确它们所属的范畴；其次，对技术措施制度的产生和发展过程进行介绍，揭示技术措施被纳入版权法保护范围的根本原因，并对包括我国在内的主要国家和地区的技术措施制度的现状进行介绍并作出简要评价；接着，重点探讨技术措施制度在理论层面的主要争议，并密切结合美国等国的司法实践，全面揭示该制度对信息获取、科技发展、合理使用、言论自由、竞争秩序及消费者福利等公共利益的不利影响；最后提出调整和完善技术措施制度的若干建议。

本书重点围绕以下几个关键问题进行探讨，希望能取得初步的研究成果：（1）技术措施的法律性质是什么？（2）规避技术措施行为的法律性质是什么？（3）技术措施制度在实施过程中对哪些公共利益产生了不利影响，这些影响是如何产生和体现的？如何解决它们之间的冲突？如何抑制该制度对公共利益的负面影响？（4）如何对技术措施制度的保护范围和保护强度进行调整？（5）如何加强对技术措施的限制，其具体机制和措施是什么？

二、本书的主要创新点

本书力图在以下四个方面有所创新：

（1）试图从科技哲学和技术伦理学的全新视角对"技术"进行解读，在此基础上揭示技术伦理学的基本原理和研究成果对技术措施制度构建与完善的重要启示和参考意义。

（2）在对既有研究成果进行梳理和归纳的基础上，深入分析、探讨并准确揭示技术措施以及规避技术措施的行为的法律性质。

（3）在探讨技术措施保护对公共利益的潜在威胁时，密切结合司法实践，揭示技术措施制度与信息获取、科技发展、合理使用、言论自由等的冲突及其对竞争秩序和消费者福利的影响。

（4）对美国、法国等国版权法的最新动态进行介绍和评价，并从反思与重构的角度，提出若干完善技术措施制度的具体建议，包括如何正确定位、转变立法观念、加强对技术措施运用和保护的限制等。尤其是明确指出在技术措施制度完善中应坚持的三个原则：利益平衡原则、禁止权利滥用原则和技术中立原则。

第二章　技术措施的基础理论

第一节　科技哲学和技术伦理学意义上的技术

严格说来，"科学"与"技术"是两个不同的概念。一般认为，"科学"即自然科学，侧重于理论研究；"技术"即应用技术，侧重于应用领域。然而，"科学"与"技术"这两个术语经常被人们合并使用，"科学"与"技术"往往被作为一个整体看待。❶ 事实上，科技哲学和技术伦理学对科学技术的本质、性质及其对社会、人类的深远影响有着更为深刻的认识和解读。这恰恰是我们在设计技术措施保护的相关制度之前很有必要了解的。

一、科技哲学中的技术

要想深刻理解技术与社会之间的互动关系尤其是技术对社会、对人类的影响，需要从科技哲学中寻找答案。对这一问题的回答，有两种截然不同的观点。

早期的代表性观点是"技术中立"论。该观点认为，科学技术是一种价值中立的东西，本身没有什么观点和思想，只是掌握技术

---

❶　当然，社会科学不宜也没有被列入"科学"的范畴进入本书的研究视野。

15

的人赋予了其价值取向。

与之相反的观点是法兰克福学派的科技哲学思想，其理论核心是"技术理性"或"工具理性"。该观点认为，现代社会中，科技已成为一种统治工具或意识形态，不再具有中立性。在论及"技术"及"技术理性"时，著名的思想家赫伯特·马尔库塞（Herbert Marcuse，1898～1979）指出："技术理性的概念，也许本身就是意识形态。不仅技术理性的应用，而且技术本身就是（对自然和人的）统治，就是方法的、科学的、筹划好的和正在筹划着的统治。统治的既定目的和利益，不是'后来追加的'和从技术之外强加上的；它们早已包含在技术设备的结构中。技术始终是一种历史和社会的设计；一个社会和这个社会的占统治地位的兴趣企图借助人和物而要做的事情，都要用技术加以设计。统治的这种目的是'物质的'，因而它属于技术理性的形式本身。"❶

针对"技术中立"论，马尔库塞表明了自己的不同看法。他认为，一旦确认了一种纯"物质性"的东西——技术——本身具有"意识性"（理性），那么技术就必然会超越它自己而具备"自己的价值"了。❷ 他还指出："面对这种社会的极权主义特点，那种技术'中立性'的传统概念不再能维持下去。技术本身不能脱离开技术所赋予的效用。这种工业技术社会是一种已经在各种技术的概念和构成中运转的统治制度。"❸ 在现代社会，"作为意识形态的科学技

---

❶ Industrialisierung und Kapitalismus im Werke Max Weber, in Kultur und Gesellschaft II, Frankfurt/M. 1965. 转引自 ［德］尤尔根·哈贝马斯. 作为"意识形态"的技术与科学［M］. 李黎，郭官义，译. 上海：学林出版社，1999：39～40.

❷ 易继明. 技术理性、社会发展与自由——科技法学导论［M］. 北京：北京大学出版社，2005：40～41.

❸ ［德］马尔库塞. 单面人［A］. 张伟，译. 上海社会科学院哲学研究所外国哲学研究室. 法兰克福学派论著选辑（上卷）［C］. 北京：商务印书馆，1998：488～489.

术现在已不再处于政治系统和社会生活的幕后，而是居于前台，对统治人们发挥着直接的工具性和奴役性的社会功能。而且，科学技术愈发达，人们所受到的奴役和统治程度就愈为深重"❶。

笔者认为，技术所扮演的角色远远不像表面看上去的那么简单。随着时间的推移，科学技术现今越来越明显地体现出其被部分人运用以实现对普通民众的"奴役"或"统治"的功能及趋势。现代社会随处可见技术控制的现象。手机、计算机等现代科技产品的运用，使现代人的生活、工作处于各种身不由己之中。我们完全可以相信，技术的运用在很大程度上改变了我们的生活，既有积极的一面，也有消极的一面。正如有学者所指出的那样，技术的应用在促进社会的发展和进步，繁荣经济和文化的同时，也会给社会的管理、法律的实施、环境的保护和公民的利益等带来负面的影响，所以说，技术的应用是一把"双刃剑"。❷

既然如此，当有人利用技术手段企图实现非正当利益时，我们就有必要对其进行相关制约或限制，视情况可以考虑采用政治手段、经济手段或者法律手段，以阻止其非正当利用行为，抑制其消极影响。

二、技术伦理学意义上的技术

罗素曾说：科学自它首次存在时，已对纯科学领域以外的事物发生了重大影响。事实上，科学技术与伦理之间存在着一定的关系。

---

❶ ［德］马尔库塞．单面人［A］．张伟，译．上海社会科学院哲学研究所外国哲学研究室．法兰克福学派论著选辑（上卷）［C］．北京：商务印书馆，1998：495.

❷ 赵兴宏，毛牧然．网络法律与伦理问题研究［M］．沈阳：东北大学出版社，2003：前言.

对于科学技术与伦理之间的关系，存在着几种不同看法。❶（1）认为科技与伦理可以相分离。科技本身是价值中立的，并非伦理学的研究对象，科学技术本身与伦理无关；科技发展本质上与道德进步是统一的，之所以出现伦理问题，是因为人们不恰当地使用了科技成果。（2）认为科技与伦理是统一的。虽然知识形态的科技可以看作是价值中立的，但科技方法、科技活动、科技产品及其运用却明显渗透着社会、文化和伦理的因素，有着明显的价值取向。科技与科技的应用后果并非绝对分离，将科技视为工具或奴役都是对人类责任的放弃和逃避。因此，科技本身就负载着价值，科学的社会规范与科学家的伦理责任是一致的。科技主体（科学研究者）在科技活动的实践中应遵循客观公正性和公众利益优先性的基本伦理原则，在科技与社会伦理价值体系之间建立有效的缓冲机制。（3）认为科学与伦理方面的两难困境是不可调和的。科学家应受一定道德规范的制约，但当科学技术成为一种社会活动时，科技的立项研究、科技产品的开发等均由政府、集团或企业投资并实施控制时，科学家在某种程度上失去了独立自主性而成为受雇于人的工具。因此，想由科学家来调和科技与伦理的矛盾，就超出了科学家本身的能力。（4）认为科学的伦理后果在客观上是不可预测的。从事科学研究的科学家不可能预测到某一研究的伦理后果，若给科学研究过早地带上伦理道德的枷锁，只能导致放弃一切科学活动。

应当说，与科学技术有关的伦理问题是一个非常复杂的问题，包含多个层面。上述部分观点有一定的道理，有的观点是从不同角度对科学技术与伦理之间的关系进行的剖析。比如，自然科学中真

---

❶ 赵兴宏，毛牧然．网络法律与伦理问题研究［M］．沈阳：东北大学出版社，2003：43.

理是客观的，但科学技术活动是带有价值取向的，会涉及伦理问题；科学家应遵循相关道德规范，但有时难免受限于科技活动投资者的意志；科学技术的伦理后果是难以预测的，往往在科技成果或科技产品被应用之后，而且取决于不同的具体用途。

对于科学技术与伦理之间的关系，我们应当有正确的认识。"道德的目的，从社会意义上看，就是要通过减少过分自私的影响范围、减少对他人的有害行为、消除两败俱伤的争斗以及社会生活中其他潜在的分裂力量而加强社会和谐。"❶ 因此，发展科学技术的根本目的和方向应当是促进社会进步，造福全人类。同时，从事科学技术研究、应用等活动的主体应关注因科技进步、发展及应用引发的伦理问题，要主动遵循相关伦理原则，避免为社会制造不和谐因素，要有责任感。考虑到科学技术研究及其应用活动难免带有一定的价值取向，所有社会科学学者都应当对科学技术发展、应用可能引发的伦理问题保持持续的高度关注，对其伦理后果进行及时预测以及客观评估，以便采取适当措施，以防患于未然。

第二节　版权法视野中的技术

在版权法产生、发展的历程中，科学技术的发展始终在以自己独特的方式对版权法的实质内容施加各种或多或少、或直接或间接的影响。正如一些学者所言："版权自孕育之时就与技术纠缠在一起"❷；"版权制度是科学技术的产物，并随着科学技术的不断发展

---

❶　［美］E. 博登海默. 法理学——法律哲学与法律方法 ［M］. 邓正来，译. 北京：中国政法大学出版社，1999：371.

❷　易健雄. 技术发展与版权扩张 ［M］. 北京：法律出版社，2009：186.

而发展"❶。在版权法的发展与变迁过程中，"技术的发展是版权扩张的直接原因"❷。考察版权法的发展史尤其是每一次重大变化，不难发现，技术对版权的影响是最为直接的因素。❸

技术的进步与更新总是在为旧的版权利益集团就如何维持原有权益提出新的难题、增添新的烦恼。而且，新科技的发展往往会削弱版权人及相关权利人（下同）对其作品的控制。"版权所面临的最主要的威胁，也是技术。"❹近年来，由于数字技术的发展，公众对作品的利用（包括复制、传播等）日益便捷，且极具隐蔽性，版权人的权益岌岌可危，导致版权人缺乏安全感，不得不转而求助技术手段，以技术对抗技术。各种技术措施的广泛采用由此成为网络时代版权人自助维权的新特点。凭借技术手段，版权人挽回了部分损失；但与此同时，技术总能被更新、更先进的技术攻克，无奈之下，版权人只得又求助于法律，希望版权法赋予其禁止规避技术手段的特权。于是，对技术措施是否予以保护的讨论沸沸扬扬，直至技术措施的版权法保护尘埃落定。也许，"版权法与技术之间存在着一种天然的互动互补关系。当法律的威慑力不足以制止侵权行为时，技术手段被用来弥补法律的不足；当技术手段不断被更先进的技术破解时，又自然产生了必须运用法律手段制止这种破解的需要"❺。

可见，在版权法的视野中，技术的发展是导致版权法产生以及

---

❶ 李明德，许超. 著作权法［M］. 北京：法律出版社，2003：179.

❷ 冯晓青. 知识产权法利益平衡理论［M］. 北京：中国政法大学出版社，2006：236.

❸ 对于技术对版权的影响，可参见 Saunders, David. Authorship and copyright［M］. Routledge，1992.

❹ Bently, Lionel. Copyright and the death of the author in literature and law［J］. Modern Law Review, Nov. 1994：583.

❺ 张耕. 略论版权的技术保护措施［J］. 现代法学，2004，（2）：119.

发生重大变化的一个重要诱因。科学技术每发展到一个新阶段，都会为版权法律制度提出新的问题，既会冲击旧的利益分配格局，又会催生新的利益诉求，由此促成版权法律制度的不断调整与变化。高新技术的发展提高了法律的技术化程度，技术措施保护进入版权法的视野就是一个鲜活的例子。有学者感叹："著作权法律制度在当代最出人意料的发展是在保护范围里增加了技术措施和权利管理信息的内容。"❶ 这表明，在版权法中直接融入技术措施的相关内容，是人们在最初设计版权法律制度时没有预料到的，纯属意外。当然，这个意外的出现，终究还是技术发展与进步导致的结果，蕴含着一定的必然性。

另一方面，科学技术的发展也难免受到版权利益主体尤其是旧的利益集团的极力干预和阻碍。几乎每一次新的复制、传播技术的产生和应用都是如此。"静电复印技术的运用遭到出版商的强烈抵抗；收音机的发明使得当时的唱片业惶惶不可终日；家用录像机的出现也被电影业视为洪水猛兽。"❷ 此时，通过新的立法来限制那些妨碍版权人控制作品能力的新技术的发展，就成为版权人的重要诉求。文件共享技术（P 2P 技术）的发展过程也是一个典型例子。从第一代 P 2P 技术（集中型）到第二代 P 2P 技术（分散型），再到以 BT 为代表的第三代 P 2P 技术；从 Napster 案到 Grokster 案，再到 BT 发明者科恩（Bram Cohen）险些被美国电影协会追究法律责任❸，无不深刻反映了版权人企图维护摇摇欲坠的私人利益、尽力抵制新的、使广大公众受惠的科学技术的"不懈"努力。当然，即便如

---

❶　薛虹. 知识产权与电子商务 ［M］. 北京：法律出版社，2003：276.

❷　谢惠加. 技术创新视野下版权立法之完善 ［J］. 科技进步与对策，2008，（3）：4.

❸　徐一文. P 2P 革命中的版权——共享网络中的版权侵权问题研究 ［A］. 周林. 知识产权研究（第十八卷）［C］. 北京：知识产权出版社，2007：147～157.

此，科学技术从未、也不会停止前进的脚步。任何私人或集团至多只能以自己的力量对科技发展施加微弱的影响。

第三节　技术措施的界定

上述对技术自身的性质、特点以及技术与伦理之间关系的探讨，在一定程度上为我们看清技术的本来面目提供了理论工具，也为"技术措施"的相关研究奠定了较好的基础。事实上，"技术"与"技术措施"是两个密切相关的术语。"技术措施"本身是个中性词，不涉及主观评价。一般意义上的"技术措施"种类多样，应用广泛，但版权法背景下的"技术措施"则有特定含义。若要受到版权法的反规避保护，"技术措施"更是需要满足较为严格的条件，这恰恰是本书的研究重点。

一、一般意义上的技术措施

"技术措施"，又称"技术保护措施"（Technological Protection Measures，简称 TPMs），其本身并非法律概念。据《中国大百科全书》解释，"技术措施"是指"在一定时期内为改进生产方法和完善生产管理而制定的方案及其实施办法"。从一般意义上讲，"技术措施"近义于技术手段，是相关主体运用某种技术以实现某种目的的具体措施、方法或手段，即单纯从技术层面上所说的各种措施。

在数字技术的视域下，技术措施最初主要由数字产品生产商采用，往往是自己或者交由其他软件设计师对该数字产品设计出能满足需要的、有保护效果的软件、硬件或程序，安装在该产品上，从而达到限制或防止他人使用的目的。可以说，技术措施最初是应数字内容而生的技术。但现如今处处皆是技术措施的身影，其应用极其广泛，不仅包括各种数字作品，还包括各种电子、科技产品，如手机、音乐或视频播放设备等，许多电子控制的仪器和设备产品上都有技术措施的应用。

抛开各种限制条件或背景不谈，"技术措施"是一个中性词，其本身不带有价值取向，是客观中立的。但从伦理学的角度以及技术与伦理之间的关系来看，技术应用者所采用的技术措施既有可能是防御性的，也有可能是攻击性的，其技术应用行为的性质可能是合法的、正确的，也可能是非法的、应受谴责的。其中，不道德的行为将受到社会公众的批评与指责，更严重的、违法行为则可能受到法律制裁。

二、版权法背景下的技术措施

当技术措施保护的相关内容被纳入版权法后，技术措施不再是一个单纯的技术概念。在版权法背景下，有外国学者认为，技术措施是一种用于阻止以不正当手段获得授权使用数字作品的技术方法，可使采用者完美地控制作品利用者接触各种数字作品，控制内容包括复制、传播、表演、展示。❶ 德国《著作权法》❷ 第 95 条 a（"技术措施保护"）的第 2 款则将其定义为"正常运行中，对权利人就其本法保护的著作和客体不予准许的行为，予以阻止和限制的技术、

---

❶ Kerr, Ian, Maurushat, Alana & Tacit, Chriatian S. Technical Protection Measures: Part Ⅰ – Trends in Technical Protection Measures and Circumvention Technologies 2（2002）［EB/OL］. http：//www. patrimoinecanadien. gc. ca/progs/ac-ca/progs/pda-cpb/pubs/protection/protection e. pdf，2010 – 01 – 04.

❷ 几十年来，德国著作权法经历了若干次修订，本书所提及的德国《著作权法》是2009 年 10 月 27 日修订后的文本。

设备和组件"❶。韩国《著作权法》则定义为"由权利人或受托人为了有效防止或限制他人侵犯依本法享有著作权和其他权利而应用的技术措施"❷。

在我国，有学者将"技术措施"界定为"著作权人为控制其著作可否被接触、重制或传输，而以有效的科技方法所采取之保护措施"❸；有的定义为"著作权利人为控制其著作可否被接触（access）、重制（copy）或传输（transmit），而以有效的科技方法所采取之保护方式"❹；还有的认为，技术措施是指"著作权利人为控制其著作可否被接触、重制或传输，而以有效的科技方法所采取之保护措施"❺。部分国家在立法中对技术措施进行了明确界定，如澳大利亚1999年通过的《数字议程法案》将其界定为"一种设施、产品或一种处理过程的一部分，用于在正常使用过程中防止或阻止对作品著作权的侵害"。可见，"技术措施"一般是指版权人及相关权利人（下同）所采取的各种技术防护措施，其目的是保护自己的版权利益不受侵犯。

版权人采取技术措施的具体方式可能包括智能卡（smartcards）、密码（password）、电子水印（watermark）、连续复制管理系统（Se-

---

❶ 十二国著作权法 ［M］.《十二国著作权法》翻译组，译. 北京：清华大学出版社，2011：178.

❷《韩国著作权法》（2009年7月31日修订）第2条第28项。十二国著作权法［M］.《十二国著作权法》翻译组，译. 北京：清华大学出版社，2011：510.

❸ 谢英士. 谁取走我的奶酪？——从公法的视角谈著作权法上的技术保护措施［A］. 张平. 网络法律评论（第9卷）［C］. 北京：法律出版社，2008：141.

❹ 朱美虹. 科技保护措施与对著作权保护之影响——以 Lexmark v. Static Control 为例［EB/OL］. http：//www. copyrightnote. org/crnote/bbs. php？board = 35&act = read&id = 43，2011 - 11 - 16.

❺ 冯震宇. 数位内容之保护与科技保护措施——法律、产业与政策的考量［J］. 月旦法学杂志，2004，（105）：71.

rial Copy Management System）、加密术（encryption）等。

三、受版权法反规避保护的技术措施

如上所述，作为一个法律概念，"技术措施"具有特定的含义。为了避免作品使用人动辄得咎，法律所保护的技术措施不能是漫无边际的。某种技术措施要想受到版权法的反规避保护，在立法或司法实践中往往明确规定或者暗含着种种条件。这些条件或要件是较为严格的。

根据一般法理以及版权法的相关原理，我国学术界对技术措施受版权法反规避保护的条件进行了归纳和研究，有三要件说、四要件说，不一而足。有学者认为应具备三个条件：（1）防御性要求，即权利人所采取的技术保护措施只能是防御性的，而不能具有攻击性；（2）有效性要求，即不要求没有任何缺陷，只要求具有控制接触或使用的作用；（3）权利基础合法，即要以合法权利作为基础。❶有学者认为，应具备有效性、"版权人所主动采取的"、目的合法、"必须是一种技术产品、而非构思"四个要件。❷还有学者认为，应具备主体要件、相关性、有效性和目的正当性四个要件。❸

再将视线转向国外。事实上，有不少国家的国内法都对"技术措施"的保护条件和保护范围作了明确规定，但存在着差异。例如，

---

❶　杨建斌. 论网络空间技术保护措施的权利基础［A］. 吴汉东. 知识产权年刊（2008 年号）［C］. 北京：北京大学出版社，2009：237.

❷　梁志文. 技术措施界定：比较与评价［J］. 贵州师范大学学报：社会科学版，2003，（1）：43.

❸　张耕. 略论版权的技术保护措施［J］. 现代法学，2004，（2）：120 ~ 121.

美国《数字千年版权法》❶ 将"技术措施"定义为"任何能有效地控制进入受版权保护的作品并能有效地保护版权权利的技术措施"❷。而欧盟的《信息社会版权指令》❸ 第 6 条第 3 款则规定,"技术措施"是指任何正常运行时用于防止或限制未经著作权人、相关权利人或数据库特别权利人的授权而使用作品或其他客体的技术、设备或部件。该条第 1 款还规定,成员国仅有义务对"有效"的技术措施提供保护;其对"有效"解释为,"当受保护的作品或其他客体由权利人通过所使用的控制访问或保护的程序,如对作品或其他客体加密、扰频或者以其他方式改变或控制复制系统从而实现了保护的目的时,技术措施即为有效"。显然,欧盟对受保护的技术措施的主体、有效性、范围、目的等方面都作了要求。日本《著作权法》所保护的技术措施,是指出于著作权人的意愿,以电子、磁气或其他人类无法感知的形式存在的,旨在防止或抑制侵犯著作权人的著作人格权、财产权或邻接权等的措施;这些措施必须采用了记录或传输对作品、表演、录音制品、广播或有线传播进行利用的设备产生特别影响的信号系统,并且其使用效果要符合著作权人或相关权利人的意愿。❹

我国现行《著作权法》对技术措施须具备的条件也有规定,但比较含蓄,不甚明朗。根据该法第 48 条第 6 项的规定,凡"未经著

---

❶ 为履行《世界知识产权组织版权条约》(WCT) 和《世界知识产权组织表演及录音制品条约》(WPPT) 所规定的相关义务,美国于 1998 年通过《数字千年版权法》(*The Digital Millennium Copyright Act of 1998*),以修正其版权法。该法以下简称 DMCA。

❷ DMCA 1201 (a) (B).

❸ The full name is "Directive 2001/29/EC of the European Parliament and of the Council of 22 May 2001 on the harmonization of certain aspects of copyright and related rights in the information society". 以下简称《信息社会版权指令》。

❹ 《日本著作权法》(2009 年最新修订) 第 2 条第 1 款第 (20) 项。

作权人或者与著作权有关的权利人许可，故意避开或者破坏权利人为其作品、录音录像制品等采取的保护著作权或者与著作权有关的权利的技术措施的"，须承担相应的法律责任。可见，该规定隐含着三个要件：（1）主体，须是"著作权人或者与著作权有关的权利人"；（2）目的，即技术措施的目的是"保护著作权或者与著作权有关的权利"；（3）对象，即技术措施必须是为其"作品、录音录像制品等"而采取的。至于有效性要件和防御性要件，我国《著作权法》似乎未作明确要求，但学术界和司法界一般认为也是应当具备的必要要件。笔者认为，今后在修改和完善《著作权法》时，我国《著作权法》应当增设对这两个要件的明确规定。

事实上，技术措施的"有效性"要件在实践中是非常重要而且必要的。下面以 2001 年修订《著作权法》后我国第一起关于利用技术措施实现产品捆绑销售的北京精雕公司诉上海奈凯公司版权侵权纠纷案❶为例。该案的争议焦点之一在于，Eng 文件是否属于我国著作权法所保护的"技术措施"。原告诉称，自己已不断提高了 Eng 文件格式的加密强度使 JDPaint 软件不被非法使用，想确保 JDPaint 软件仅能在原告的雕刻机的数控系统中使用，而被告破解了 JDPaint 软件输出的 Eng 格式文件、规避了原告的技术措施，构成了对原告 JDPaint 软件版权的侵犯。一审法院判决驳回原告的诉讼请求，原告

---

❶ 宋宁华，高远．软件捆绑销售保护"过头"——被告破解格式文件的行为不属于侵权［EB/OL］．http：//info.news365.com.cn/was40，2010－04－12；高远，何勇．上海高院判定专用软件格式不受知识产权保护［EB/OL］．http：//it.sohu.com/20070112/n247568372.shtml，2010－04－12；高万泉．技术措施保护过头，捆绑销售遭到否定，上海一公司侵权诉讼未获支持［EB/OL］．http：//www.court.gov.cn/news/bulletin/region/200701110007.htm.2011－04－12．

具体案情可参见上海市第一中级人民法院民事判决书（2006）沪一中民五（知）初第134 号，上海市高级人民法院民事判决书（2006）沪高民三（知）终字第110 号。

提起上诉。2006 年 12 月 13 日，上海市高级人民法院终审判决驳回上诉。一审法院认为，Eng 格式数据文件中包含的数据和文件格式并不属于 JDPaint 软件的程序，不属于计算机软件的保护范围。被告开发的软件能读取 Eng 文件实质上是软件与数据文件的兼容，所以该软件接收并能读取 Eng 文件并不构成侵权。❶ 二审法院却认为，原告为将自己的应用软件捆绑于产品上使用而设计了特殊的输出文件格式，但 Eng 格式文件不属于我国著作权法所保护的技术措施，因为其功能是完成数据交换而非对 JDPaint 软件予以保护，原告的目的是排除 JDPaint 软件的合法取得者在其他数控系统中使用该软件的可能，因此被告的破解行为并不构成故意避开或破坏技术措施的侵权行为。该案首次在司法实践中认定，"技术保护措施必须严格限定在保护著作权本身的目标之内"❷，只有目的是为保护作品著作权的技术措施，才能受到著作权法的保护。

综上，笔者认为，受版权法保护的技术措施是指由版权人及相关权利人（下同）采用的或者经其同意所采用的、旨在保护版权的有效的技术手段或方法。技术措施的表现方式可能是某种软件或程序，也可能是某种设备或装置。版权立法中应规定技术措施受保护的若干条件，至少应包括四个方面：一是主体合格，一般是版权人或者经版权人授权之主体，且是其主动采取技术措施的；二是合法性，包括作品须是合法的版权作品、采取技术措施的目的合法❸以及采取技术措施的手段合法、强度适当等；三是有效性，即在正常运

---

❶ 黄武双，李进付. 再评北京精雕诉上海奈凯计算机软件侵权案——兼论软件技术保护措施与反向工程的合理纬度 [J]. 电子知识产权，2007，(10)：58.

❷ 杨晖，马宁. 技术保护措施的新坐标——解读我国首例软件捆绑销售案 [J]. 知识产权，2007，(2)：93 ~ 95.

❸ "采取技术措施的目的合法" 即目的在于保护版权或者邻接权。

行时或者一般情况下，对一般社会公众而言，所采取的技术措施能实现其保护目的；四是防御性，即所采取的技术措施必须是防御性的，不得是攻击性的。

第四节 技术措施的种类

技术措施的表现形式多种多样，可以是在某个版权作品中植入某种软件或者程序，也可以是对某个版权作品通过口令、密码等手段设置访问权限控制，等等。版权人常用的技术措施主要包括加密术❶、数字水印❷、数字签字❸、数字签名❹、数字指纹技术❺、反复

---

❶ 加密技术是指用某种变换方法将网络作品由能读懂的"明文"变换成难以读懂的"密文"的技术。使用加密技术，使获取密文的窃取者由于缺乏解密手段而不能非法使用该作品，从而使著作权人与作品使用者之间签订的著作权许可使用合同得以在网络上安全地得到履行。赵兴宏，毛牧然．网络法律与伦理问题研究［M］．沈阳：东北大学出版社，2003：47.

❷ 数字水印技术以信息隐藏学为基础，在被保护信号中加入一个不被察觉的信息，在需要时可通过特定的算法判定水印存在与否。数字水印技术在声音、图像类网络作品中的应用效果良好，而在文字类作品中的应用尚需改进。赵兴宏，毛牧然．网络法律与伦理问题研究［M］．沈阳：东北大学出版社，2003：47.

❸ 数字签字技术支持一种网络通行证，即数字证书。网络用户有偿或者无偿获得数字证书安装到其个人终端中，一旦网络用户需要进入支持相应数字技术的网站，该网站的中央服务器就会自动验证数字证书。利用数字签字技术，网络信息内容提供者可以确定信息获得者的有限性。劳伦斯·莱斯格．代码［M］．李旭等，译．北京：中信出版社，2004：43.

❹ 数字签名是利用密码技术对数字化文件实施某种数字变换，以起到与手写签名相同的作用。

❺ 数字指纹技术通过在数字作品中加入无形的数字标志以识别作品及版权人、鉴定作品的真伪。

制设备❶、电子版权管理系统❷、时间戳、追踪系统❸、防火墙、过滤 IP 地址或域名、控制硬件连接，等等。这些技术措施主动性强、灵活性高，部分措施还集保护与交易功能于一身。版权人经常采用综合性技术措施，对受版权保护的作品实行全方位保护，或者利用技术措施针对不同用户以及不同使用需求来设定不同的收费标准。随着技术的不断更新和发展，将有更多形形色色的技术措施层出不穷，不胜枚举。

根据不同的标准，可对技术措施进行若干种分类。在此仅列出两种主要的分类方法。

一、根据性质进行的分类

根据技术措施的作用方式及其性质的不同，可将技术措施分为防御性的技术措施和攻击性的技术措施。防御性的技术措施包括控制访问的技术措施、控制使用的技术措施和控制传播的技术措施，其作用方式一般是消极防御型的。攻击性的技术措施，又称"反制性的技术措施"，主要包括追踪、识别作品的技术措施和制裁非法使

---

❶ 在反复制设备中，具有代表性的是 SCMS 系统，其最大特点在于不仅能控制作品的第一次复制，还能控制作品的再次复制，避免数字化作品的复制件被作为数字化主盘。

❷ 电子版权管理系统是指通过电子网络形式将作品进行许可使用并且监管作品的使用情况，这样的技术措施实际上是将技术与合同进行一定结合的设施。这样的设施中还可以包括其他功能，例如版税分配、获得收入、支付账单以及数据收集等。该系统的主要功能是通过在线的方式来管理和许可作品。See Dusollier, Severine. Copyright and access to information in the digital environment ［R］. A Study Prepared for the Third UNESCO Congress on Ethical, Legal and Societal Challenges of Cyberspace, Infoethics, 2000, Paris, 17 July, 2000: 23～25.

❸ 追踪系统即确保数字化作品始终处于版权人控制之下，只有在获得版权人授权后才能使用的软件。

用的技术措施❶，其作用方式一般是主动出击型的。其中，制裁非法使用的技术措施一般是指部分版权作品内含有某种技术措施（如软件、程序），当发生特定的、未经授权的使用行为时，该程序将被触发并自动运行，会对使用者的计算机系统等造成不良影响，如病毒攻击、系统遭破坏等。

防御性技术措施与攻击性技术措施的区分具有重要的法律意义。一般认为，要想获得版权法的反规避保护，相关主体所采取的技术措施应当是防御性的，而不能是攻击性的。因为攻击性技术措施的运用极易对相关用户的切身利益构成重大威胁甚至直接造成损害后果，所以在实践中，一旦发生纠纷，攻击性技术措施往往较难得到法律的支持或保护。❷

二、根据功能进行的分类

根据具体功能的不同，一般将技术措施分为控制访问的技术措施（Access Control Technology Protection Measures）和控制使用的技术措施（Copy/Use Control Technology Protection Measures）两大类。这是一种非常重要的分类，被许多国家的立法和司法实践所广泛认可或采用，只是在具体表述上有细微差别。比如，美国《数字千年版权法》就采用了这种分类。学者王迁也将技术措施分为"接触控

---

❶　刘芳. 关于技术措施法律保护的若干思考［J］. 北京化工大学学报：社会科学版，2007，（1）：8.

❷　当然，这一结论不是绝对的，但在大多数场合和一般情形下是如此。这并不排除在部分情形下，需要对某种攻击性技术措施所造成的实际后果（如用户的损失）的严重程度、作用方式的恶劣程度等方面进行具体分析。

制措施"和"版权保护措施"两大类。❶

控制访问的技术措施，又称控制接触、防接触的技术措施，是旨在防止或控制未经许可即对作品进行访问的技术措施，如设置口令❷、要求输入密码以及信用卡似的验证硬件。控制访问的技术措施又可以再细分为四种❸：（1）站点信息提供者在联机出口处控制访问的技术措施；（2）控制信息用户或接收者访问级别的技术措施；（3）控制访问作品复制件的措施；（4）控制后续访问的技术措施。

控制使用的技术措施是旨在防止或控制未经许可即对作品进行使用的技术措施，能使用户不能任意复制、发行、传播以及修改作品，如电子文档指示软件、加密、电子签名及电子水印等❹，所谓的"防复制"技术措施即属此类。实践中，控制使用的技术措施还可用于实现对作品使用时间、使用次数以及使用方式等的限制，如免费下载的次数；有部分技术措施（一般为软件形式）能对作品的打印等使用方式进行加密，没有密码无法进行操作，当然也能实现对该作品传播的控制。❺ 有人将控制使用的技术措施根据功能又细分为

---

❶ 王迁. 版权法保护技术措施的正当性 [J]. 法学研究，2011，（4）：86. 注意：该文中的"版权保护措施"被作者释义为"旨在防止未经许可复制、传播作品等版权侵权行为"的技术措施，其实质是本书所称"控制使用的技术措施"。

❷ 如果在服务器上使用了设置登录口令的技术保护措施，该服务器将拒绝任何未正确输入登录口令者的访问或浏览。

❸ 解丽军. 技术措施的著作权法保护研究（硕士）[D]. 成都：四川大学，2005：5.

❹ See Information Infrastructure Task Force, Intellectual Property and the National Information Infrastructure [R]. The Report of the Working Group on Intellectual Property Rights, Sep. 1995：183～190.

❺ 例如，在部分 BBS 上发表作品时，可以选择"防止拷贝"功能，以防止自己的作品被保存、复制或打印，其他访问者就只能阅读该作品了。据介绍，美国 IBM 公司已与美国五大唱片公司联手开发网上下载唱片的系统。利用该系统，用户可通过网上付费方法下载选定的唱片，但下载的唱片不能再被复制。

两类❶：单纯控制作品的各种具体使用方式，如复制、传播、表演等使用行为的技术措施；控制作品在使用中的状态的技术措施，如电子水印技术等。

　　除上述两种分类方法外，还有其他观点。比如，有的将技术措施分为四类❷：保护版权人排他性权利的技术保护措施、控制访问的技术保护措施、标记与识别功能的技术保护措施以及电子权利管理系统措施；有的将技术措施分为三种❸：作品发行前的技术措施、保证付酬的技术措施❹和确认侵权的技术措施；有的以侵权行为的阶段为标准，将技术措施分为预防性、识别性和制裁性技术措施❺；等等。

第五节　技术措施保护的经济分析

　　现今社会，技术措施的普遍采用已成既定事实，但鲜有学者对技术措施进行经济分析。笔者认为，技术措施的采用及其法律保护在经济学意义上具有一定的合理性，但在保护的同时也不能忽视对技术措施的必要限制。

---

❶　郭禾．规避技术措施行为的法律属性辩析［J］．电子知识产权，2004，（10）：12.

❷　Dusollier, Severine. Copyright and access to information in the digital environment［R］. A Study Prepared for the Third UNESCO Congress on Ethical, Legal and Societal Challenges of Cyberspace, Infoethics, 2000, Paris, 17 July, 2000：21.

❸　Schlachter. The intellectual property renaissance in cyberspace：why copyright law could be unimportant on the internet［J］. Berkeley Technology Law Journal, 1997, 12（1）：38～45.

❹　该技术措施并不直接控制他人接触或使用作品，但可计算出他人接触或使用作品的次数和频率，保证版权人依据次数和频率来收取报酬。在发生侵权行为时，可保证版权人获得相关证据，并且便于计算适当的侵权赔偿数额。

❺　郭禾．规避技术措施行为的法律属性辩析［J］．电子知识产权，2004，（10）：12.

一、技术措施对版权人和作品使用者的意义

一提到技术措施的功能，人们往往首先想到其帮助版权人维权，如反盗版、反复制，降低版权人的维权成本以及提高版权制度的维权成效。事实上，对于网络环境下的作品而言，技术措施的重要功能还在于加强版权人对其作品的可控性、确保交易的顺利进行，从而便利作品市场价值的实现。

在网络环境中，作品的发售模式发生了很大变化。在传统的传播模式下，作品的交易是借助于有形载体实现的。正如有学者所言，"著作物虽然在形式上以书籍、唱片等有体物为化身进行交易，实际上（从价值的观点来看）是处于主体地位的著作物内涵的交易，在法律形式上利用了处于从属地位的有体物交易形态"[1]。此时的版权人是以控制作品载体的制作、销售等行为来获取收益的。但在数字时代，情况发生了重大变化：虽然网络给作品的流通和传播提供了较好的公共平台，却未提供可依附的有形载体，作品与有形载体发生了彻底分离。"作品的利用从拥有复制件转变为直接体验作品的内容。"[2] 因此，版权人面临着如何实现对其在网络上传播作品的控制问题。版权人若对其作品不具有可控性，将无法在网络环境下对作品进行商业意义上的发售，其版权中的财产权也就无法实现。

与传统的传播模式相比，网络拉近了版权人与作品使用者之间的距离，使他们"亲密接触"。正是凭借着技术措施，版权人实现了对作品的严密控制。例如，通过访问控制技术措施，版权人能有

---

[1] ［日］北川善太郎. 网上信息、著作权与契约 [J]. 外国法译评，1998，(3)：41.

[2] See Ginsburg, Jane C. From having copies to experiencing works: the development of an access right in U. S. Copyright Law [J]. J. Copyright Society U. S. A., 50：116.

效制止社会公众对作品的免费接触或获取；通过使用控制技术措施，版权人能有效防止社会公众对作品的任意复制、打印、传播等免费使用行为。

更为重要的是，技术措施为版权人对作品的商业利用和收益提供了有力支撑。（1）技术措施的采用为作品增加了一层"技术"包装，作品使用者必须在征得版权人授权、许可或者满足一定条件后去掉该"技术"包装，才能进一步对该作品予以接触、获取或者使用，从而完成该项交易。在此过程中，技术措施发挥了关键的屏障和桥梁作用。（2）在数字环境下，版权人与作品使用者之间表现出明显的合同化倾向，而绝大多数的电子合同必须借助技术措施才能形成并且顺利发挥作用。（3）技术措施还为版权人与作品使用者采用更加灵活多样的交易模式提供了便利。一个典型例子是，依赖于技术措施，版权人可以实行并实现差异化定价策略，根据不同的用户、使用需求、使用方式和使用程度等制定不同的价格标准。科技发展至今，出现了许多综合性的高级技术措施，有的技术措施集维权、管理和交易功能于一身，使版权人如虎添翼。又如，版权人可以将技术措施作为一种市场销售手段，软件开发商可以借助其同时向消费者提供多种软件版本，如体验版❶、共享版❷或免费版❸等不完整的版本❹，供消费者试用以达到宣传效果，进而开发潜在的市

---

❶ 体验版一般是指软件开发商为了让消费者了解该软件的功能，将正式版的部分功能去掉，使消费者可以进行亲自体验。

❷ 共享版一般是指先让消费者试用该软件一段时间，待试用后看是否符合使用需求，有一段时间供消费者考虑是否购买该软件。共享软件一般有 30 天的免费试用期，少数长达几个月，试用期过后要么付费继续使用，要么无法继续免费使用。

❸ 免费版一般是指消费者可自由且免费使用的软件的特定版本。

❹ 在此列举的三种版本往往在使用方面有所限制，如限制使用功能或者限制使用时间。

场。再如，美国苹果公司的以技术措施为基础的 iTunes 在线商店被学者普遍认为是"已经通过管理媒体利用的合同、版权和技术而创造了一种互联网上的版权国际实施方式"❶。可见，技术措施是网络环境下作品发售模式得以正常运作的基本保障，也是版权人借以实现作品商业价值的有力工具。

技术措施的采用不仅使版权人受益良多，也给作品使用者带来了一些福利。对版权人而言，技术措施是实现其作品商业价值的工具；而对作品使用者而言，技术措施的应用则预示着有更多的选择和自由。正如莫特·D. 哥德堡（Mort D. Goldberg）所指出的那样，"复制保护技术及其他某些技术不仅能作为一种复制保护机制，而且能在确保有效收取和分配版税的前提下为获得电子形式的作品提供便利"❷。例如，在网络环境下，借助于技术措施，作品使用者完全可以就某作品的某一部分与版权人交易，而不必像在传统环境下那样购买一整本书，支付不必要的成本。再如，作品使用者有可能在自己选定的时间和地点、采取尽可能经济的方式来获取所需的信息，降低相关成本。总之，技术措施使版权人和作品使用者都有了拥有更多选择的可能。

二、技术措施的保护对于矫正外部性的意义

作为版权法保护标的的作品是社会公众获取各种知识的重要来

---

❶ Leong Kelly. I-tunes: have they created a system for international copyright enforcement? [J]. New Eng. J. Int'l & Comp. L., 13: 365～395.

❷ Goldberg, M. D. The analog, the digital, and the analogy [A]. Harvard Symposium Book [C]. 44～45.

源。从经济学意义上讲，"知识具有公共产品的属性"❶，即在消费或使用方面不具有排他性，一个人对其消费并不会减少或排斥其他人对该物品的消费。作品也具有此种共享性质，可同时供多人使用，且一人的使用不会影响或减损他人使用的数量或效用。因此，从经济学角度看，作品具有无敌对性，也可称之为集体消费性（collective consumption）。

公共产品普遍存在外部性现象，知识也不例外。外部性即外部效应（Externality）、外部成本或溢出效应，是指一个经济人的行为对另一个福利产生的效果，而这种效果并未从货币或市场交易中反映出来。损害由他人承担、成本由他人支出是外部负效果；某人支出成本、其他人免费获益，对其他人而言是外部正效果。知识一旦公开（如作品公开发表），创作者将很难控制其传播范围，许多人将通过"搭便车"免费获得该信息。知识的非排他性决定了要想排除他人未经付费而使用该公共物品要花费高昂成本，以致没有任何想要追求利润最大化的私人企业愿意提供此类商品❷；即使技术上可以防止他人未经付费而使用该物品，也会因为其成本过高以致无此必要。❸ 在经济学家眼中，作品如同信息、资讯一样，生产和控制成本昂贵，传递成本却相当低廉。因此，作品存在着外部正效果问题：版权人创作作品使社会公众在精神层面获益，但版权人要自己负担创作成本；同时，由于维权的艰辛，版权人所能获得的利益相对于社会整体所得利益而言是很少的。在网络环境下，这一外部性问题

---

❶ ［美］罗伯特·考特，托马斯·尤伦. 法和经济学［M］. 张军等，译. 上海：上海三联书店，1994：152.

❷ 刘茂林. 知识产权的经济分析［M］. 北京：法律出版社，1996：63.

❸ 梁秀精. 法律的经济分析［M］. 作者自版，2007：46；http：//www2. thu. edu. tw/ ~ economic/teacher/papers/2929/law% 20eco2004－9. pdf，2010－10－12.

越发凸显，版权人面临着维权困难、成本过高的窘境。如果"搭便车"现象一直存在甚至愈演愈烈，外部性现象不能被及时矫正甚至更加严重，知识的生产将面临激励不足、供应短缺的危险。

如何解决外部性问题呢？保罗·萨缪尔森曾指出，"不论采取什么特殊方法，对付外部经济效应一般的药方是，外部经济效应必须用某种办法使之内部化"。经济学家一般认为，政府所能采取的方法有三种：（1）由政府提供作品；（2）政府对私人所提供的作品给予补贴；（3）建立法律保障制度。因此，要想矫正版权作品的外部经济效应并使之内部化，使知识的生产更具效率，有必要赋予并维持创作者的独占权，强化创作者对作品的控制力。相对而言，这是一种比较经济、实际的办法。然而，著作权产品（作品）在新技术条件下产生的外部经济效应越来越难以用传统著作权法的方式予以矫正❶，新的制度需求成为一种必然。在此背景下，应版权人在网络空间对作品的控制需求而生的技术措施登上了历史舞台。技术措施以其独特、有效的侵权防御功能获得了版权人的青睐。为了强化并确保这种力量，版权人还呼吁版权法将技术措施纳入保护范围，作为内部化版权作品外部性的有效途径。可见，技术措施的应用在一定程度上有利于矫正版权作品的外部性问题。

三、小　结

以上主要从两个方面探讨了技术措施的采用及保护所具有的意义及合理性。但任何问题都有两面性。需要特别强调的是，只要稍欠谨慎，技术措施的保护对社会公众、对社会也很可能产生消极影响。从经济学来看，版权法在赋予版权产品的生产者以独占权以刺

---

❶ 刘茂林. 知识产权的经济分析［M］. 北京：法律出版社，1996：130.

激产品供给的同时，另一方面也要通过法律来控制社会损失。传统版权法中既有的合理使用、法定许可和版权保护期限等制度，非常有利于降低社会的边际成本，但在技术措施受保护的背景下可能有萎缩的危险。笔者认为，必须尽力维护这些制度的生存空间，以与技术措施保护导致的版权人权利扩张相抗衡，从而维持版权法的利益平衡和内部协调。

第三章 技术措施纳入版权法
保护的源起与发展

如前所述，版权法深刻地受到技术更新的影响。从模拟技术时代过渡到数字技术时代，从一般文学艺术作品到计算机软件和数据库，从超链接到 P 2P，从家用录音设备到云端计算，技术的发展与创新给版权法提出了一道又一道难题，版权法也不得不正视并回应接踵而至的新问题。从本质上和客观上讲，技术措施被纳入版权法的保护范围也是技术发展到一定程度的结果，是对版权人在数字技术背景下迫切要求加强自身维权能力的呼声的回应。从直接原因来看，技术措施的反规避保护从首次进入国际版权法的视野，到被纳入国际版权法的法律体系，直至在各主要国家的版权法中占据一席之地，主要是西方发达国家及其版权产业界坚持不懈地极力推动的结果。

一般认为，技术措施反规避保护制度的尘埃落定，是以世界知识产权组织❶的两个"互联网条约"❷ 的签订作为标志的。事实上，在此之前，部分国家和地区已经就技术措施的保护问题进行了研究

---

❶ World Intellectual Property Organization，以下简称 WIPO。

❷ 两个"互联网条约"即《世界知识产权组织版权条约》（WCT）和《世界知识产权组织表演及录音制品条约》（WPPT）。

甚至相关立法上的初步尝试，因此，我们不妨将技术措施保护制度的产生及发展过程大致分为四个阶段：第一阶段是前"互联网条约"时期，第二阶段是"互联网条约"的酝酿与签订，第三阶段是各缔约方条约实施法的制定或者国内法修订，第四阶段是技术措施保护立法的反思与完善。本章仅介绍前三个阶段，至于现在所处的第四阶段，留待后面的章节探讨。

第一节　技术措施纳入版权法保护的开端：
"互联网条约"的诞生

一、前"互联网条约"时期

在技术措施的反规避保护被纳入相关国际条约之前，有不少国家已经为技术措施提供了一定程度的保护，如德国、澳大利亚、加拿大、匈牙利、丹麦、美国、西班牙、芬兰、法国、希腊、意大利、日本、荷兰、英国、瑞士等国。❶ 但这些国家主要是在计算机软件保护方面提供了对技术措施的保护，而且禁止的对象主要是专门的规避设备、装置等规避工具或者规避服务。下面以英国和欧共体为例，对处于该阶段的涉及技术措施保护的相关立法进行简要介绍。

（一）英国

英国《1988 年版权、外观设计和专利法》是第一个对有关"以电子形式存在的……版权作品的复制品"的"复制保护"（copy-protection）予以规定的国内立法。根据该法第 296 条第（4）款的规

---

❶　梁志文. 技术措施界定：比较与评价 ［M］. 贵州师范大学学报：社会科学版，2003，（1）：42～46.

定，"复制保护"包含"用来防止或限制复制作品或损害已制作的复制品的质量的任何装置或手段"。该法还明确禁止实施某些可能规避复制保护的行为，主要体现在第 296 条第（2）款："向公众发行复制品的人有相同的权利制止明知或由合理根据知道将用其来制作复制品的人：（a）制作、进口、销售或出租，许诺销售或出租，或者为销售或出租而展示或广告任何专门设计或改装用以规避所使用的复制保护形式的任何装置或手段，或者（b）公开旨在促成或帮助人们规避版权所有者针对侵犯版权所使用的复制保护形式的信息。"由此可见，该法主要是禁止那些规避复制保护的装置或者服务，而非禁止直接规避行为。❶

（二）欧共体

欧共体的立法也早已涉及有关技术措施保护的问题。1991 年的《计算机软件保护指令》（*Council Directive 91/250/EC on the legal protection of computer programs*）中就确认了对技术措施的法律保护。该指令第 7 条"特殊的保护措施"之第（1）款第（c）项规定，对于在市场上销售或者基于商业目的而持有"任何唯一目的在于帮助未经授权地去除或破解用于保护计算机软件的技术措施的装置"的行为，各成员国应当提供适当的法律补救；该指令第 7 条第（3）款还规定，"各成员国可以规定对第（1）款第（c）项提到的任何手段予以扣押"。显然，该指令规定了对准备行为❷的禁止，但直接规避行为不在禁止范围内。而且，该指令并未要求必须安装用于保护计

---

❶　台湾学者章忠信也持相同的观点。章忠信. 著作权法制中"科技保护措施"与"权利管理信息"之探讨［EB/OL］. http：//www. copyrightnote. org/paper/pa0016. doc，2011 – 09 – 16.

❷　一般认为，"准备行为"是指为直接规避行为作准备、使直接规避行为成为可能的行为，最常见的是提供规避服务或规避工具，如制造、进口、发行规避工具等行为。

算机软件的技术措施或技术系统，但把将盗版解码器或其他设备投入流通或者为商业目的而占有的行为规定为非法行为，因此，安装了该种技术措施或技术系统的人就有权受到法律保护。同时，该指令第 5 条 "限制行为的例外" 还规定了三种技术措施保护的例外情形。❶ 其后，在 1995 年的 "关于信息社会的版权和有关权的绿皮书"、1996 年的 "续绿皮书" 中，也都涉及技术措施保护的相关内容。

　　然而，值得注意的是，《计算机软件保护指令》中涉及技术措施保护的对象仅仅限于计算机软件，且相关规范的性质并非实质的著作权规定，只是辅助性质的规定，虽然禁止销售或基于商业目的的持有，但不及于为个人目的而持有，对于想要控制的手段、方法则均限于 "以帮助不法移除或规避技术装置为唯一目的之手段"❷。因此，该指令仅仅是针对计算机软件提供的保护，并非直接针对作品提供相关保护，事实上，直到 2001 年《信息社会版权指令》出台，才真正落实 WCT 和 WPPT 关于技术措施法律保护的立法义务。

---

　　❶　该指令第 5 条规定：（1）当合同没有规定时，计算机程序的合法受让人为其使用目的（包括修正错误），在其必要的使用范围内所为的第 4 条第 1 项（复制）与第 2 项（修改）的行为，无须经权利人许可。（2）有权使用计算机程序的人为其使用的必要所为的备份行为，不得通过合同加以禁止。（3）若使用人有权对计算机程序进行读取、显示、执行、转换或储存，那么该有权使用计算机软件的复制品者在其进行这些行为时无须经权利人许可、就有权观察、研究或测试计算机软件的功能，以判断该软件所包含的概念和原理。

　　❷　陈家骏. 著作权科技保护措施之研究——研究报告［R］. 台北：中国台湾地区经济部智慧财产局委托研究专案，2004：83～84.

二、"互联网条约"的酝酿与签订

（一）背景

1. 版权人的失落与控诉

20 世纪 80 年代以来，随着数字技术的飞速发展，版权人无力控制作品的失落感骤增。为缓解日益严峻的反侵权压力，作为版权人代表的利益集团不断向立法部门施压，企图将现实中已普遍使用的私力救济行为——技术措施变成一项新的特权，为其披上合法外衣。尤其是与版权关系最为亲密的音乐及电影等产业界，不断向公众及政府大肆宣传自己的权益遭到侵害的严重状况，并竭尽全力地警告、追踪或控告盗版者；同时，努力怂恿立法者修改法律，明示或暗示地指责版权法已不符合科技时代的需求、无法与科技发展齐头并进，若强行以旧法支撑，版权法将形同虚设。[1] 上述现象在美国、欧盟等发达国家和地区尤为明显，因其数字产业发达，相关利益集团实力雄厚，版权业者要求为技术措施提供法律保护的呼声很高。针对国内版权、数字等产业界的强烈要求，美国向 WIPO 提议将技术措施的保护问题作为国际会议的重要议题。

2. 版权保护前置化观念的萌生

尽管在"互联网条约"通过之前，由 WIPO 管理的所有公约以及 TRIPs 协议（《与贸易有关的知识产权协议》）都没有任何关于技术措施保护的规定[2]，然而国际层面早已意识到新科技对传统版权法的冲击，尤其是新科技导致的版权侵害类型及危险的增加。WIPO 一

---

[1]　约翰·甘茨，杰克·罗切斯特. 数位海盗的正义 [M]. 周晓琪，译. 台北：商周出版社，2006：277～278.

[2]　[匈] 米哈依·菲彻尔. 版权法与因特网 [M]. 郭寿康，万勇，相靖，译. 北京：中国大百科全书出版社，2009：523.

直是讨论数字时代相关议题的重要国际平台。正因为 WTO 制定的 TRIPs 协议对数字时代的版权问题只字未提，更凸显了 WIPO 在此议题上的重要性、权威性及紧迫性。对于版权人维权的艰辛，如何在新的技术背景下适当调整《伯尔尼公约》（*The Berne Convention*）的内容以适应高度发展的科技，理所当然地成为 WIPO 的一个重要任务。❶

在热闹非凡的针对版权法如何因应新科技挑战的国际讨论中，有一个版权保护的新思路引起了高度关注和广泛兴趣，那就是"版权保护的前置化"。"版权保护的前置化"是指除了传统版权法所赋予的权利内容保护外，版权人还可以设置以及利用技术保护措施以防止未经许可的接触作品等导致版权侵害的行为。❷ 这种事前防止版权侵害危险发生的预防思维，实质上是"技术引发的问题还得靠技术本身来解决"观念❸的体现。

在上述背景下，身负托管《伯尔尼公约》任务、具有国际版权法承前启后的先天优势的 WIPO，成为技术措施保护相关议题孕育和发展的重要国际平台，技术措施保护相关问题也正式成为 WIPO 外交会议的重要议题。一方面是为回应广大版权人的提高维权能力的要求；另一方面是"为在国际间将著作权保护前置化之思维确实落

---

❶ Mihály Ficsor. Copyright for the digital era: the WIPO "internet" treaties [J]. COLUM. -VLA J. L. & Arts, 1997, 21: 197~198.

❷ 沈宗伦. 论科技保护措施之保护于著作权法下之定性及其合理解释适用: 以检讨我国著作权法第 80 条之 2 为中心 [J]. 台大法学论丛, 2009, (2): 297.

❸ "技术引发的问题还得靠技术本身来解决"（The answer to the machine is in the machine）的观念，是来自欧洲出版联盟的查尔斯·克拉克（Charles Clark）先生在 1995 年 5 月 WIPO 于墨西哥举办的关于数字电子时代著作权问题的研讨会上提出的著名论断。美国著名的网络法学家劳伦斯·莱斯格也有类似的观点，他认为，"问题是由某种技术所导致的，解决问题同样取决于这种技术"。劳伦斯·莱斯格. 代码 [M]. 李旭，等，译. 北京: 中信出版社，2004: 158.

实到各国立法上，选择一国际平台建立一适当的立法模式以供各国修法遵循"**❶**。

（二）条约的制定过程**❷**

两个"互联网条约"的制定历时较长，经历了异常曲折的过程。其制定过程可大致分为"指导发展"时期、外交会议召开前的筹备阶段以及外交会议三个阶段。

1. "指导发展"时期

在这一时期，WIPO 相关部门组织了对"版权领域立法的示范条款"和"保护录音制品制作者示范法"的研究和讨论。

（1）对"版权领域立法的示范条款"的研究和讨论。

在 WIPO 国际局的主持下，"版权领域立法的示范条款"专家委员会共召开了三次会议，分别是：第一次会议（1989 年 2 ~ 3 月），第二次会议（1989 年 11 月），第三次会议（1990 年 7 月）。

关于技术措施的相关问题，WIPO 最初关注的是如何在两种立法模式中进行选择：是采取强制性规范方式要求具有版权侵害功能的科技产品安装技术措施以防止版权侵害行为，还是由版权人自行根据需要设置技术措施以保护作品、而版权法针对版权人设置的技术措施给予一定的法律保护及救济。实际上，WIPO 国际局为专家委员会第一次会议准备的示范条款草案的第 9 章中的相关内容表明，前

---

❶　沈宗伦. 论科技保护措施之保护于著作权法下之定性及其合理解释适用：以检讨我国著作权法第 80 条之 2 为中心 ［J］. 台大法学论丛，2009，（2）：297.

❷　在本部分，凡涉及各方代表团的提案或者条约草案的规定时，若无特别说明，其中文翻译主要参考或者来源于：［匈］米哈依·菲彻尔. 版权法与因特网 ［M］. 郭寿康，万勇，相靖，译. 北京：中国大百科全书出版社，2009：522 ~ 591.

一种立法模式被 WIPO 看好并作为倾向性方案❶；但在随后进行的数次讨论中，后一种立法模式脱颖而出并最终被采纳。值得特别注意的是，即使是后一种立法模式，WIPO 最初的研究重点乃在于第三人在公开市场上提供规避技术措施的工具（如设备、装置等）的行为，而非第三人对技术措施的直接规避行为。也就是说，按照 WIPO 起初的设想，技术措施保护的规范重点在于，通过禁止第三人提供规避技术措施的工具的行为，特别是第三人对规避工具的制造、进口和销售行为，为版权人提供法律救济。❷

（2）对"保护录音制品制作者示范法"的研究和讨论。

为组织对"保护录音制品制作者示范法"的讨论，WIPO 于1992 年 6 月召开了专家委员会会议。该会议的目的是在民法法系和普通法法系之间就保护录音制品制作者的问题进行某种协调。❸ 在这

---

❶ 这一点从 WIPO 国际局为专家委员会第一次会议准备的示范条款草案（以版权示范法的形式出现）的第 9 章"关于为受保护的行为而使用设备的义务"中第 54、55 条的具体内容可以看出。该草案的第 9 章中只有第 54 条和第 55 条是关于技术措施规定的条款。该草案第 54 条的内容为："关于设备的义务：制止与作品的正常利用相抵触的使用（1）如果设备通常被用来以下列方式复制作品：如果没有有关作者的授权则将与对这些作品的正常利用相抵触，那么对这种设备的制造、进口或销售将被禁止……除非此种设备符合能够防止其以这种方式进行使用的技术规格。（2）第（1）款不适用于专门供专业人员或专家使用的设备。但是，这种设备只能被授予或以其他方式提供给［其日常行为离不开该设备的自然人或法人］使用［条件是那些购买或以其他方式占有该设备的自然人或法人具有［主管当局］颁发的许可证］。［（3）［主管当局］应保留一份第（2）款规定的设备和被许可人的登记记录。］（4）应禁止［（i）制造、进口、销售或以其他方式提供给使用者任何能够消除设备与第（1）款所提及的技术标准一致性的装置或实施任何具有上述效果的行为［。］；或者］［（ii）把专供专业人员或专家使用的设备提供给没有第（2）款规定的许可证的自然人或法人使用。］"Document CE/MPC/I/2-II，第 22～23 页。中文翻译：［匈］米哈依·菲彻尔. 版权法与因特网［M］. 郭寿康，万勇，相靖，译. 北京：中国大百科全书出版社，2009：524～525.

❷ See Mihály Ficsor. The law of copyright and the internet ［M］. Oxford University Press，2002. §6.03，6.61.

❸ Document MLSR/CE/I/2，第 4～7 页，第 1～14 段。

次会议上，各方代表对"保护录音制品制作者示范法草案"中的第 24 条，即"制止滥用技术手段的措施、救济和制裁"仅发表了少量意见。该草案的实质性讨论主要是在其后的伯尔尼议定书委员会和新文书委员会上进行的。

2. 外交会议召开前的筹备阶段

在外交会议召开前，美国、欧共体、日本等国家和地区都对技术措施的相关问题做了大量研究工作。

（1）美国。

①美国"绿皮书"[1]。1993 年 9 月，美国副总统戈尔正式宣布"国家信息基础设施"（National Information Infrastructure，NII）计划，即"信息高速公路"（Information Superhighway）计划。同年，美国白宫任命了一个信息基础设施任务组（Information Infrastructure Task Force，IITF），该任务组下设多个委员会和工作小组，其中就包括专门研究与 NII 有关的知识产权问题的"知识产权工作小组"（Working Group on Intellectual Property Rights）。1994 年 7 月，布鲁斯·吕曼领导的知识产权工作小组发布了"绿皮书"，对版权与信息技术设施之间的关系和影响进行了分析并提出了若干版权法的修改建议。

"绿皮书"中有专章（名为"技术"）讨论版权与技术的问题，其中充分表达了对版权人为技术措施寻求法律保障的理解与支持。"绿皮书"不仅鼓励版权人采用技术措施以保护自己的版权，还建议法律对技术措施予以保护、对规避或破解技术措施予以禁止。因此，"绿皮书"对技术措施保护的具体建议为：禁止有关破解技术

---

[1] "绿皮书"的全称为《知识产权与国家信息基础设施——知识产权工作组的初步草案》。该"绿皮书"由信息基础设施特别委员会发表。

措施的装置的制造、进口和销售，禁止提供规避或破解技术措施的服务。❶

②美国"白皮书"。在"绿皮书"的基础上，吕曼领导的知识产权工作小组于 1995 年 9 月出台了正式报告——《知识产权和国际信息基础设施》（"白皮书"）。"白皮书"集中探讨了美国国内有较大争议的三个问题：一是技术措施保护与合理使用之间的关系问题，尤其是技术措施的保护是否不符合"合理使用"原则；二是对用以保护不享有版权的作品的复制品的技术措施的破坏行为是否违法的问题；三是有关技术措施的规定是否将给有关制造商造成不应有的负担的问题。

关于第一个问题，"白皮书"认为，"合理使用"原则并不要求版权人允许他人未经许可接触或使用作品；若某种规避设备主要应用于合法目的，那么生产或销售该装置将属于法律允许的豁免范围。对于第二个问题，"白皮书"指出，若某装置的主要目的或作用是破坏某种用于保护不享有版权的作品的技术措施，那么生产或销售该装置并不违法；另外，尽管技术措施可用于对处于公有领域的作品的复制品的保护，但这种保护仅仅适用于特定的复制品而非作品本身。❷ 至于制造商的负担问题，"白皮书"强调，正在起草中的相关条款并未强制性要求制造商安装相关保护系统或者包含相关技术措施，而只是禁止制造商制造规避装置。❸

显然，"白皮书"维持了"绿皮书"的立场和建议，而且针对部分条款提出了更详细的草案。关于技术措施的保护问题，"白皮

---

❶ 美国绿皮书［R］. 126.

❷ 美国白皮书［R］. 231～232.

❸ 美国白皮书［R］. 232.

书"的建议为：未经版权人授权或法律许可，任何人不得制造、进口或销售主要目的或效果是为了避开、绕过、破解或其他规避用于阻止或限制侵犯版权人专有权的程序、方法、设备或系统。

（2）欧共体。

《欧共体绿皮书》❶ 专门用一节来讨论"保护和识别的技术系统"，即第9节。但该绿皮书仅提出了若干问题以便后续筹备工作中展开讨论，而未提出任何建议。其中，与技术措施直接相关的两个问题为：何种法律措施对制止私人数字复制的技术措施而言是必需的和可能的；如何才能确保这种技术措施不妨碍或限制人们获得曾经受保护但已进入公有领域的资料。经过磋商和讨论后，《欧共体续绿皮书》（*follow-up paper*）❷ 对讨论结果作了初步总结：绝大部分利益集团对采用立法方式为技术识别机制和技术保护系统的完整性给予法律保护表示赞同，但对相关法律规定的具体保护范围意见不一。❸

（3）日本。

在日本文部省著作权课多媒体委员会工作组于1995年2月发表的《著作权课多媒体委员会工作组讨论报告——多媒体制度问题研究》❹ 中，涉及技术措施的相关内容，集中体现在该报告第三部分第5章——"制止复制的技术措施及其他问题"。该章包括三个分

---

❶　《欧共体绿皮书》［*EC document COM（95）final*］由欧委会负责起草并于1995年7月发表。［匈］米哈依·菲彻尔. 版权法与因特网［M］. 郭寿康，万勇，相靖，译. 北京：中国大百科全书出版社，2009：37.

❷　《欧共体续绿皮书》的全称为《信息社会中的版权和相关权的续绿皮书》［*EC document COM（96）568 final*］。［匈］米哈依·菲彻尔. 版权法与因特网［M］. 郭寿康，万勇，相靖，译. 北京：中国大百科全书出版社，2009：38.

❸　欧共体续绿皮书［R］. 16.

❹　以下简称《日本多媒体报告》。

章，即"破坏反复制系统的技术装置""促成接收加密节目的技术装置"和"关于版权管理信息的措施"。对于破坏反复制系统的装置，该报告指出，"制造、发行能破坏或规避安装于作品的复制品之上的用于防止或限制复制作品的技术设备的装置，将导致大量的使用该装置复制作品的行为，进而损害作者等主体的经济利益"；因此，报告主张"采取措施解决这一问题"❶。关于如何解决该问题，报告提出了两种备选方案：①如果某作品的复制品上安装了用于防止或限制复制的技术措施，那么生产或销售能破解或规避该技术措施而使复制成为可能的技术装置的行为，就应被认定为构成侵犯版权，应适用民事救济和刑事制裁；②对方案①所描述的行为仅适用刑事制裁。

（4）主要国家及地区的提案或意见。

作为外交会议的进一步筹备工作，伯尔尼议定书委员会和新文书委员会召开了几次会议，包括三次联席会议。其间，有不少国家或地区提交了提案或评论。

①美国的提案。由于美国"白皮书"遭到了国内计算机、图书馆、教育机构和消费电子产业等多方面的不满，1996年夏，以"白皮书"为基础的NII版权立法议案未在国会获得通过。"白皮书"的炮制者布鲁斯·吕曼于是调整策略，将重心转为推动国际立法，并利用自己是WIPO美国代表的身份向WIPO推销"白皮书"中的主张。因此，关于技术措施问题，美国提交了与《美国白皮书》观点一致的提案。

②欧共体及其成员国的提案。在第三次联席会议上，欧共体及其成员国主张将规避装置或设备以及规避服务这两类对象纳入法律

---

❶ 日本多媒体报告［R］. 37.

禁止的范围。值得注意的是，在非法行为的构成要件中，欧共体及其成员国新增加了行为人"明知或有合理根据知道"这一主观要件。在与技术措施有关的制度设计中，这一主观要件值得我们谨慎斟酌。

③韩国的意见。韩国代表团在第三次联席会议上发表了若干评论，主要是对禁止实施某些与技术措施有关的行为的条约规定表达了质疑。

④中国、日本和非洲国家集团的立场和意见。中国代表团表示，关于技术措施的问题还需进一步研究。日本代表团则表示，对技术措施的相关问题暂时持保留意见。对于美国代表团的提案，非洲国家集团表示同意其中有关禁止破坏保护装置的主张。❶

3. 外交会议

经过大量的前期准备，条约的制定由筹备转入实质性的磋商程序阶段。在外交会议上，参照美国代表团的提案和建议，专家委员会主席在 WCT 草案第 13 条和 WPPT 第 22 条中对技术措施作了内容接近的规定❷，只是两者针对的客体不同，前者是作品，后者是表演和录音制品。

针对上述两个条文，部分国家和地区提交了修正案。比如，新加坡代表团建议在 WCT 草案第 13 条第（3）款中将"主要目的或

---

❶ Document BCP/CE/VI/14，第 28 段。转引自 ［匈］米哈依·菲彻尔. 版权法与因特网 ［M］. 郭寿康，万勇，相靖，译. 北京：中国大百科全书出版社，2009：569.

❷ 从下文介绍的 WCT 草案第 13 条的规定可以看出，该条大体上是根据美国的建议拟定的，唯一的不同在于美国的提案并不含有主观归责要件而草案却含有。这一主观归责要件是欧共体的提案中强调的。See Samuelson，Pamela. The digital agenda of the world intellectual property organization：principle paper：the U. S. agenda at WIPO ［J］. Va. J. Int'l L.，1997，（37）：369，413；Vinje，Thomas C. The new WIPO copyright treaty：a happy result in Geneva ［J］. E. I. P. R.，1997，19（5）：234.

主要作用"的表述改为"唯一目的",原因是"主要目的或主要作用"的用语使第 13 条的适用范围过宽,可能使具有合法功能的装置也被纳入禁止的范围。❶ 科特迪瓦、加纳、南非等代表团对新加坡代表团的修改意见表示同意。韩国代表团则建议在 WCT 草案第 13 条第(1)款的最后增加以下内容:"但是,缔约各方应有权在《伯尔尼公约》和本条约所允许的范围内,在其国内立法中对用来保护既不具有独创性也不受法律保护的产品和其专有权受到法律限制的产品的技术措施规定条件。"❷

另外,非洲国家集团建议了一个全新版本的 WCT 草案第 13 条:"缔约各方应提供适当的法律保护和有效的法律补救办法,制止规避由权利人为行使本条约所规定的权利而使用的,对就其作品进行未经该有关作者许可或未由法律准许的行为加以约束的有效技术措施。"❸ 这一修正案引起了多方争辩,于是南非代表团提出了一个妥协方案:"缔约各方只有义务对规避某些技术措施的行为规定适当的法律保护和有效的法律补救办法。这些技术措施应具备三个特征:其一,应当是有效的技术措施;其二,应当由权利人为行使本条约所赋予的有关权利而使用,方能受法律保护;其三,技术措施所要限制的行为应当是未经权利人许可也未经法律允许的行为。"❹ 这一方案似乎有将单纯的规避行为纳入规范范围的意思。该方案成为条

---

❶ Mihály Ficsor. The law of copyright and the internet [M]. Oxford University Press, 2002. § 6.65.

❷ 请参见外交会议记录,第 408 页。

❸ 请参见外交会议记录,第 445 ~ 447 页。

❹ WIPO. Diplomatic conference on certain copyright and neighboring rights questions, CRNR/DC/102, 76 n 519 (1996) [EB/OL]. http://www.wipo.int/documents/en/diplconf/distrib/pdf/102dc.pdf, 2011 – 11 – 10.

约最终规定的蓝本。❶

（三）最终成果

经过漫长而曲折的筹备、磋商、谈判以及辩论等过程，最后形成的关于技术措施的条约规定类似于非洲国家集团的提案。由于部分亚非国家反对的声音，再加上《伯尔尼公约》通常致力于界定版权这种排他性权利及其限制制度，而从未有过禁止任何可能用于侵犯版权的装置的传统，WIPO 也担心制定一个公正、平衡的禁止规避装置的条款所面临的实际困难。WIPO 最终拟定了相对温和、保守、模糊的反规避条款。最后的 WCT 第 11 条和 WPPT 第 18 条的内容与美国代表团的提案有较大的出入，基本上是各方意见、各种利益妥协的结果。

1996 年 12 月 20 日，120 多个国家的代表于日内瓦 WIPO 外交会议上同意并签署了两个新条约：《世界知识产权组织版权条约》（WIPO Copyright Treaty，简称 WCT）和《世界知识产权组织表演及录音制品条约》（WIPO Performances and Phonograms Treaty，简称 WPPT）。这两个条约的缔结标志着"互联网条约"的正式诞生，被视为自 1971 年《伯尔尼公约》巴黎修订文本缔结以来国际社会版权领域内最重大的事件，是版权国际保护的又一个里程碑。❷ 其中，WCT 还被作为《伯尔尼公约》第 20 条意义下的专门协定。❸

---

❶ Vinje, Thomas C. The new WIPO copyright treaty: a happy result in Geneva ［J］. E. I. P. R.，1997，19（5）：235.

❷ Lewinski, Silke Von. The WIPO treaties 1996: ready to come into force ［J］. European Intellectual Property Review，Apr. 2002：208. 转引自易健雄. 技术发展与版权扩张 ［M］. 北京：法律出版社，2009：172.

❸ WCT, Article 1, （1）.

三、"互联网条约"的主要内容及简评

（一）WCT 和 WPPT 对技术措施的规定

1. WCT 第 11 条的规定

WCT 第 11 条是直接针对技术措施的条款，其内容为：

关于技术措施的义务

缔约各方应规定适当的法律保护和有效的法律补救办法，制止规避由作者为行使本条约或《伯尔尼公约》所规定的权利而使用的、对就其作品进行未经该有关作者许可或未由法律准许的行为加以约束的有效技术措施。❶

2. WPPT 第 18 条的规定

WPPT 第 18 条的内容为：

关于技术措施的义务

缔约各方应规定适当的法律保护和有效的法律补救办法，制止规避由表演者或录音制品制作者为行使本条约所规定的权利而使用的、对就其表演或录音制品进行未经该有关表演者或录音制品制作者许可或未由法律准许的行为加以约束的有效技术措施。❷

---

❶ 该条的英文原文为：Article 11 Obligations concerning Technological Measures："Contracting Parties shall provide adequate legal protection and effective legal remedies against the circumvention of effective technological measures that are used by authors in connection with the exercise of their rights under this Treaty or the Berne Convention and that restrict acts, in respect of their works, which are not authorized by the authors concerned or permitted by law."

❷ 该条的英文原文为：Article 18 Obligations concerning Technological Measures："Contracting Parties shall provide adequate legal protection and effective legal remedies against the circumvention of effective technological measures that are used by performers or producers of phonograms in connection with the exercise of their rights under this Treaty and that restrict acts, in respect of their performances or phonograms, which are not authorized by the performers or the producers of phonograms concerned or permitted by law."

（二）　对 WCT 第 11 条的理解

第 11 条是 WCT 一个全新的条款，是以前的《伯尔尼公约》等国际公约中所没有的。有学者认为，第 11 条并未对任何现有的版权规范作出实质性修改，而仅仅是确保在数字网络环境下保护、实施和行使版权所必需的技术措施得以适用。[1] 笔者对此表示赞同。在理解和适用 WCT 第 11 条并将其转化为国内法规范时始终记得并秉持这一理念和精神是非常重要的，可以使我们不至于在技术措施法律保护的道路上渐行渐远，远到忘记了最初的起点和宗旨。

1. 受保护的技术措施应具备的要件

从 WCT 第 11 条的规定来看，各缔约方负有为适格的技术措施提供"适当的法律保护和有效的法律补救办法"的义务。那么，什么样的技术措施才是应受法律保护的呢？

（1）技术措施的使用主体。

"作者所使用的"这一措辞表明，"作者"有权根据其意愿自主决定是否使用技术措施以及使用何种技术措施。那么与作者有关的其他主体，如作者以外的其他版权人或者作者的被授权人呢？WCT 第 11 条未置可否。但一般认为，包括作者和作者以外的其他版权人在内的版权人应当都有权使用技术措施并且可能受到法律保护，这一点从部分国家或地区的现行立法可以看出来。例如，欧盟《信息社会版权指令》中规定的主体是著作权人，日本著作权法也是如此[2]。

---

[1]　［匈］米哈依·菲彻尔. 版权法与因特网［M］. 郭寿康，万勇，相靖，译. 北京：中国大百科全书出版社，2009：794.

[2]　《日本著作权法》（2009 年修订）第 2 条第 1 款第 20 项，http：//www. cric. or. jp/ cric_ e/clj/clj. html，2011 – 06 – 15.

（2）技术措施的有效性。

"有效技术措施"这一表述表明，WCT第11条对技术措施的有效性作了明确要求。但何为"有效"，该条未作进一步说明，我们可以理解为留待各国自行规定。从部分国家的具体立法来看，美国、欧盟和澳大利亚似乎都倾向于"通常使用"标准，即在通常使用的情况下，若技术措施能达到由版权人管理、控制他人接触或使用作品的效果，就是有效的；日本则强调"管控效果"，即技术措施的运行能否产生管理、控制作品的效果，能够的话就证明该技术措施是有效的。❶ 无论各国对"有效"一词作何解释，可以肯定的一点是，"有效"的技术措施并不意味着该技术措施是不能被规避的，即不能认为可以被规避的技术措施就不具备有效性。这是因为，科学技术是不断进步的，而科技的革新与发展正是在周而复始的破解与反破解的斗争中得以向前推进的。原有的技术措施总是可能被更新的技术所攻破、瓦解或者替代。为此，有学者指出："'有效'一词仅仅具有某种'描述的'性质，因此没有必要对它进行任何定义性的解释。"❷

（3）技术措施使用的根本目的。

WCT第11条明确规定，技术措施的使用目的须是"为行使本条约或《伯尔尼公约》所规定的权利"，也就是说，其使用目的可以是为了行使WCT规定的权利，也包括《伯尔尼公约》所规定的权

---

❶ 《日本著作权法》（2009年修订）第2条第1款第20项，http：//www.cric.or.jp/cric_ e/clj/clj.html，2011－06－15.

❷ ［匈］米哈依·菲彻尔.版权法与因特网［M］.郭寿康，万勇，相靖，译.北京：中国大百科全书出版社，2009：794.

利。● 至于行使的权利是经济权利还是精神权利，则在所不问。而且，权利的具体行使方式也不论，权利人可以自己行使，也可以通过集体管理方式来行使，WCT 第 11 条对此未作要求。

（4）技术措施使用的具体目的。

事实上，除了规定技术措施使用的根本目的以外，WCT 第 11 条还对技术措施在使用时的具体目的作了明确规定，即须是"对就其作品进行未经该有关作者许可或未由法律准许的行为加以约束"。不言而喻，对作品进行的既未经有关作者许可、也未经法律准许的行为，是侵犯版权的行为。而对侵犯版权的行为予以防止、阻碍、抑制或约束，正是版权人采用技术措施的具体目的。为实现约束的目的，版权人可以采用多种形式的技术措施，主要包括控制接触的技术措施和控制使用的技术措施两大类。

笔者认为，如果将上述第三个要件和第四个要件结合起来看，换个角度从反面来解释的话，也可以认为，WCT 第 11 条要求技术措施的使用目的必须与保护版权或者防止版权被侵害有直接关联。如果这种理解是正确的，那么凡是法律上不构成版权侵害的行为，即使有规避技术措施的行为方式，也不构成对技术措施反规避保护规定的违反。对于不构成版权侵害的行为，技术措施反规避保护的相关规定没有启动或适用的必要。这种不构成版权侵害的行为有两种，一种是本身不属于版权侵害行为的行为，另一种是虽构成版权

● 有学者认为，WCT 第 11 条中的"本条约或《伯尔尼公约》所规定的权利"这一表述是不恰当的，因为对 WCT 缔约方而言，只有 WCT 中规定的权利才是与它们有关的；而且，根据 WCT 第 1 条第（4）款的规定，"本条约规定的权利"实际上已经将《伯尔尼公约》第 1～21 条规定的权利包括在内，这一部分无须重复指出。[匈] 米哈依·菲彻尔. 版权法与因特网 [M]. 郭寿康，万勇，相靖，译. 北京：中国大百科全书出版社，2009：799. 笔者对此表示赞同。

侵害但已取得版权人同意或者法律准许的行为。

2. 对"规避"的理解

WCT 第 11 条要求各缔约方制止对符合上述四个要件的技术措施的规避，但"规避"的具体含义却未予以明确。一般认为，"规避"技术措施是指"利用特殊技术或工具解除、回避、移除、破坏技术措施，而达到原来无技术措施防护作品侵害的状态"❶。可见，规避行为的目的和最终结果是使技术措施无效或者不发挥作用。仅就 WCT 第 11 条的规定而言，似乎技术措施的规避行为并不以实际造成版权侵害的结果为必要条件❷，只要未经版权人同意也未经法律准许而规避技术措施，即构成对技术措施反规避保护条款的违反。

至于"规避"的具体形式，是仅指直接规避行为，还是仅指规避工具的制造、规避服务的提供等准备行为，还是同时涵盖两种行为；是否包括私人的规避行为；等等，WCT 第 11 条均未予以明确。实践中，各缔约方在履行自己的条约义务、将之转化为内国法的规定时，理解和做法各不相同：有的仅仅禁止直接规避行为，有的主要禁止准备行为，即制造、进口、销售规避装置或者提供规避服务等行为，还有的对两类行为均予以禁止。

3. WCT 第 11 条的适用范围

虽然 WCT 的诞生主要是为应对数字技术对《伯尔尼公约》的冲击和挑战，但由于其采用了技术中立的表述方式，所以不仅能适用于数字技术环境下数字形式的作品的使用（包括在线状态和离线状

---

❶ Ricketson, Sam & Ginsburg, Jane C. International copyright and neighbouring rights—the Berne Convention and beyond [M]. 2006. §15. 17.

❷ Gasser, URS. Legal frameworks and technological protection of digital content: moving forward towards a best practice model [J]. Fordham Intell. Prop. Media & Ent. L. J., 2006, (17): 74~75. 笔者有不同见解，容后述。

态下的使用），也可以适用于模拟技术环境下的作品使用。

（三）　对 WPPT 第 18 条的理解

若将 WPPT 第 18 条与 WCT 第 11 条进行比对，不难发现，二者的规定大致相同，只是主体和对象有所不同。WCT 第 11 条规定的主体是作者、对象是作品，而 WPPT 第 18 条规定的主体是表演者和录音制品制作者，对象是表演和录音制品。●

WPPT 第 18 条的规定表明，各缔约方有义务为旨在行使 WPPT 为表演者或录音制品制作者规定的权利而使用的技术措施提供适当的法律保护，只要是表演者或录音制品制作者所采用的、对他人就其表演或录音制品进行的未经许可也未经法律准许的行为加以约束的有效技术措施。因此，如果是已取得权利人合法授权或者已超过保护期的表演或录音制品，其上所设置的技术措施就不符合 WPPT 规定的保护条件。

根据 WPPT 第 18 条的规定，各缔约方提供法律保护的最低限度是对有关规避技术措施的行为予以制止。但是，各缔约方究竟为哪些种类的技术措施提供保护，如是否包括控制接触的技术措施，则在所不问；各缔约方对规避行为的制止，具体在何种法律中、以何种方式体现，是否包括对规避设备的制造及交易、规避服务的提供予以禁止，WPPT 也未作要求。

（四）　对 WCT 和 WPPT 技术措施相关条款的简要评价

WCT 第 11 条和 WPPT 第 18 条是国际版权法中首次对技术措施的直接规避行为予以禁止的规定，两个条约的最终通过宣告了技术措施的版权法保护在国际立法层面的正式确立。在技术措施的保护

● 基于两个条款所具有的共通性，尤其是在技术措施受法律保护应具备的要件方面，上文对 WCT 第 11 条的分析和评论可以比照适用于此，故不再赘述。

问题上，WCT 第 11 条和 WPPT 第 18 条只是为各缔约方设定了一个底线，勾勒了一个基本轮廓。比如，仅仅要求禁止规避为保护版权及邻接权所采取的技术措施，但未就规避设备的制造、进口或销售行为或者规避服务的提供行为的禁止提出明确要求❶，即未明确要求各缔约方对"准备行为"予以禁止；而且，对技术措施的保护应达到何种程度、应提供什么样的法律救济措施，也未作明确要求。这实际上为各缔约方的立法或修法预留了较大的空间和自由。

WCT 第 11 条和 WPPT 第 18 条关于技术措施的保护条款在一定程度上体现了各方意见和各种利益的妥协，是一种暂时性的平衡。与在外交会议上供各代表团磋商、讨论的条约基础草案相比，最终形成的上述两个条款更为简明扼要且富有弹性。然而，也正是这种原则性和弹性的规范方式，为各缔约方的立法提供了相对宽松的环境，同时也为各缔约方之间的立法差异埋下了伏笔。对此，有学者认为，"由于条文文义的弹性，致使《著作权条约》第 11 条及《表演及录音物条约》第 18 条所呈现的指导立法功能不明确，故而各国立法对于科技保护措施规范之立场及见解并不一致，在某种程度上有碍于国际著作权法和谐化的进展"❷。

---

❶ 由于技术措施保护中的间接侵权遭到了消费电子产品制造商、科研机构、图书馆及普通用户的反对，在 1996 年 WIPO 日内瓦外交会议上，澳大利亚、加拿大、新加坡、英国、挪威等国均提出了反对意见，导致 WCT 和 WPPT 两条约在该问题上采取了回避态度并模糊处理。

❷ 沈宗伦. 论科技保护措施之保护于著作权法下之定性及其合理解释适用：以检讨我国著作权法第 80 条之 2 为中心 [J]. 台大法学论丛，2009，（2）：303.

第二节 技术措施纳入版权法保护的发展：主要国家和地区条约实施法的制定或国内法修订

继技术措施反规避的版权法保护在国际版权法范围内以国际条约的形式尘埃落定后，相关国际条约所规定的义务的具体落实就成为各缔约方的重要任务。根据相关规定，WCT 于 2002 年 3 月 6 日生效，WPPT 于 2002 年 5 月 20 日生效。这两个"互联网条约"都对各缔约方为技术措施提供适当的法律保护和有效的法律补救办法的义务作了明确规定，为此，各缔约方纷纷修改自己的版权法或者著作权法，以增加技术措施保护的相关内容。因此，这一阶段也可以称为技术措施版权法保护的专门立法或修法阶段。

如前所述，两个国际条约对各缔约方为技术措施提供保护和救济的义务仅仅作了原则性规定，各缔约方的立法进度、保护范围及保护程度不尽一致，甚至存在着不少差异。一般而言，数字产业发达或者竞争激烈的国家，立法步伐较快，保护水平较高，如美国和欧盟；数字产业不太发达的国家，则保护程度较低，如我国；有的国家基于种种原因或者顾虑而延后了立法，如韩国、加拿大等。❶

在各缔约方中，美国是最积极、最早履行义务的。早在两个"互联网条约"通过之前，美国就想将"白皮书"的核心内容，即技术措施的相关保护条款变为具有法律效力的文件，只是碍于国内来自各个层面尤其是图书馆界、法学教授和消费者电子业者的反对

---

❶ 冯震宇. 数位内容之保护与科技保护措施——法律、产业与政策的考量 [J]. 月旦法学杂志，2004，（105）：73.

的声音太大，又适逢总统换届，导致相关议案没有通过。❶ 1996 年，美国在签署了 WCT 与 WPPT 后，条约实施法的制定再次起航。1998 年，《数字千年版权法》（DMCA）在美国国会获得通过。作为美国的互联网条约实施法，DMCA 满足了美国国内版权业者的绝大部分要求，达到了"白皮书"的预期目的。DMCA 正式确认了版权人对其受保护的作品享有广泛的控制权，尤其是版权人利用技术措施以控制他人接触作品或者保护版权的权利。为充分保障并实现版权人的上述控制权，DMCA 对下列相关行为予以全面禁止：任何人规避或破解控制接触的技术措施的行为，任何人制造、进口、销售、向公众提供用于破解控制接触作品或者保护版权的装置或设备的行为，任何人删除、改变权利管理信息或提供虚假的权利管理信息的行为，等等。与 WCT 第 11 条和 WPPT 第 18 条所规定的最低限度的保护标准相比，DMCA 是一部严格且保护程度超高的法律：不仅保护限制使用（如复制）的技术措施，还保护控制接触的技术措施；不仅禁止直接规避行为，还禁止规避装置的交易及规避服务的提供等准备行为。正因为如此，DMCA 在美国国内招致诸多非议和争辩。有学者评价，DMCA 是一部版权法专家难以理解的法律，也是一部以牺牲公共利益和新兴产业的利益为代价、满足谈判各方和已有产业的利益和欲望的法律。❷

继美国之后，日本和澳大利亚均于 1999 年完成了技术措施相关规定的国内法制定或修改工作。1999 年 6 月 15 日，日本于法律第 77 号中提出了对著作权法的修正，对控制使用的技术措施的保护被

---

❶ Fisher, William W. Promises to keep, technology, law and the future of entertainment [J]. Stanford Law and Politics, 2004：91.

❷ Litman, Jessica. Digital copyright [M]. Prometheus Books, 2001：144～145.

纳入著作权法体系，而对控制接触的技术措施的规范则被纳入不正当竞争法中。❶ 澳大利亚则于 1999 年 8 月 17 日通过《著作权修正（数字议程）法案》❷，主要是增加了第 10 条和第 116A 条关于技术措施的规定。其中，第 10 条涉及"技术措施"及"规避"等名词的界定；而根据第 116A 条的规定，对于未经著作权人同意而规避其安装的技术措施的多种违反情形，可采取诉讼行为。该法案于 2001 年 3 月 4 日正式实施。

　　欧盟于 2001 年在立法中加强了对技术措施的保护。事实上，欧盟关于技术措施保护的立法经历了一个变化的过程。1991 年，欧盟《计算机软件保护指令》第 7 条第（1）项第（C）款仅对规避装置或服务予以禁止，未提及对直接规避行为的禁止。❸ 1997 年，欧盟的"信息社会版权指令草案"中，其第 6 条关于技术措施的义务也是仅仅禁止规避装置的交易及规避服务的提供。1999 年，欧盟决定对草案的相关条款再次进行修改。2001 年 5 月 22 日，欧盟通过的《信息社会版权指令》以专章对技术措施进行了规定，并将技术措施反规避保护的范围扩大至包括对直接规避行为的禁止。而且，该指令第 6 条对"有效性"的定义中包括了作品的"接触或使用"，这表明欧盟对控制接触的技术措施的规避行为也予以禁止。值得注意的是，该指令较为强调规避者的主观心态，只有在规避者"明知或者有理由知道"时，才对其直接规避行为予以禁止。欧盟的《信

---

❶　Sirinelli, Pierre. The scope of the prohibition on circumvention of technological measures: exceptions［EB/OL］. http: //www. law. Columbia. edu/law conference 2001. htm, 2011 - 12 - 02.

❷　即 *The Copyright Amendment（Digital Agenda）Bill of 1999*，以下简称《数字议程法案》。

❸　章忠信. 著作权法制中"科技保护措施"与"权利管理信息"之探讨［EB/OL］. http: //www. copyrightnote. org/paper/pa0016. doc，2011 - 12 - 03.

息社会版权指令》要求各成员国在 2002 年 12 月 22 日前将技术措施保护的相关立法予以落实。

我国在 2001 年修改著作权法时增加技术措施保护的相关规定，并于 2006 年 5 月 18 日颁布专门的《信息网络传播权保护条例》，又于 2010 年 2 月再次修改著作权法，对有关条款进行细微修改。❶

与上述国家或地区的积极响应态度或者至少是及时履行条约义务形成鲜明对比的是，部分国家对将技术措施纳入版权法范围持保守态度，甚至延后了立法。

对于技术措施的保护问题，韩国一直持保守、谨慎和不赞同态度。早在 WCT 和 WPPT 条款草案的讨论期间，韩国代表团就表达过若干对禁止部分技术措施规避行为的质疑，如"技术本身并不能区分出合法使用与非法使用"。韩国很注重在版权人的特权与公共利益之间维持某种平衡，强调为技术措施的保护设定各种必要的例外和限制，并认为"不应在不受版权保护的资料以及处于公有领域的作品之上适用技术保护措施"，"不应当对利用原本可以自由使用的资料加以任何形式的垄断"，"应将此种保护措施的适用限于公共利益不致遭受损害的范围"❷。直到 2004 年，韩国才加入 WIPO 的 WCT 条约；之后对著作权法进行了较大幅度的修改，新的著作权法于 2006 年 12 月 28 日正式公布（法律第 8101 号），并于 2007 年 6 月 29 日起施行。❸ 不过，韩国最新一次修订著作权法是在 2009 年 7 月 31 日（以法律第 9785 号公布），新法于 2010 年 2 月 1 日起施行。

与韩国相类似的是，加拿大和瑞典的技术措施立法进展也较为

---

❶ 关于中国内地相关法律对技术措施的反规避法律保护，容后详述。

❷ Document BCP/CE/VII/3 – INR/CE/VI/3，p. 2.

❸ 这次修改引入了"向公众传播""数字技术传输"的概念，引进了版权认证制度。

缓慢。2005 年 6 月，加拿大政府部门推出的关于技术措施立法的"C - 60 法案"付诸"一读"程序。❶ 瑞典则于 2007 年 5 月正式通过了关于技术措施保护的相关规范。❷

第三节　主要国家和地区版权法中技术措施制度的现状

一、美国的技术措施制度

1998 年 10 月 28 日《数字千年版权法》（DMCA）在美国国会的通过，正式宣告版权人享有利用技术措施以控制他人接触受保护的作品、利用技术措施以保护版权以及在特定条件下禁止他人规避技术措施的特权。根据"白皮书"的建议，DMCA 第 103 条规定，在美国版权法中增加一章，即第 12 章"版权保护及版权管理系统"，对技术措施的法律保护作了非常详尽的规定，并将规避技术措施的法律责任等规定置于第 1201 条之下。

美国的 DMCA 被视为"世界上第一部真正的英特网时代的版权法"❸。促进持续发展中的电子商务和保护知识产权是 DMCA 立法过程中的两大基本指导原则❹；同时，防止和打击盗版也是 DMCA 立法的重要目的之一。基于上述目的，DMCA 为技术措施提供了全方

---

❶　Canada's New DMCA Considered Worst Copyright Law, Slashdot: News for Nerds, Stuff that Matters, [EB/OL]. http://www.yro.slashdot.org/article.pl? sid = 07/11/29/1523217, 2011 - 10 - 12.

❷　Swiss DMCA Coming Down—50,000 Signatures Needed to Unmake it, Boing Boing [EB/OL]. http://www.boingboing.net/2007/11/28/swiss-dmca-coming-down.html, 2011 - 10 - 12.

❸　王迁. 美国保护技术措施的司法实践和立法评介 [J]. 西北大学学报: 哲学社会科学版, 2000, (1): 89.

❹　H. R. Rep. No. 105 ~ 551, pt. 2, 23 (1998/07/22).

位的保护，为美国的版权业者开辟了一条新的反盗版、反侵权的有效路径。可以说，DMCA 是一部严格且保护水平较高的法律。

（一）对技术措施的分类

美国 DMCA 将技术措施分为控制接触的技术措施（access control measures）和保护权利的技术措施（rights control measures）❶ 两类，并分别针对这两类技术措施予以规范。相关规定主要体现于 DMCA 第 1201 条（a）（1）、1201 条（a）（2）和 1201 条（b）。

1. 控制接触的技术措施

控制接触的技术措施是指版权人采用的能有效控制他人接触其受保护的作品的技术措施。在 DMCA 中，与对控制接触的技术措施的保护有关的条款有两个，即 1201 条（a）（1）和 1201 条（a）（2）。这两个条款通常被统称为"接触控制措施条款"。

根据 DMCA 第 1201 条（a）（1）的规定，"任何人不得对有效控制接触受保护的作品的技术措施进行规避"。这是对版权人采用的控制他人接触受保护作品的技术措施给予的保护，是对直接规避行为的禁止性规定。

DMCA 第 1201 条（a）（2）规定："任何人不得制造、进口、向公众推销、提供或者非法买卖任何属于下列三种情形之一的技术、产品、服务、设备、组件或者其零件：（1）设计或制造的主要目的是为了规避对受保护的作品进行有效的接触控制的技术措施；（2）除了规避对受保护的作品进行有效的接触控制的技术措施外，只有有限的商业意义或用途；（3）由明知其用于规避对受保护的作品进行有效的接触控制的技术措施的人销售或者与他人合作销售。"这一规

---

❶ 有学者译为"控制保护权利"的技术措施。［匈］米哈依·菲彻尔. 版权法与因特网［M］. 郭寿康，万勇，相靖，译. 北京：中国大百科全书出版社，2009：803.

定是对直接规避行为的准备行为的禁止。

2. 保护权利的技术措施

保护权利的技术措施是指版权人采用的能有效保护版权的技术措施。DMCA 第 1201 条(b)对控制权利的技术措施的保护进行了规定。第 1201 条(b)(1)的规定为："任何人不得制造、进口、向公众推销、提供或者非法买卖任何属于下列三种情形之一的技术、产品、服务、设备、组件或者其零件：(1)设计或制造的主要目的是为了规避对受保护的作品或者作品的一部分的版权人的权利进行有效保护的技术措施；(2)除了规避对受保护的作品或者作品的一部分的版权人的权利进行有效保护的技术措施外，只有有限的商业意义或用途；(3)由明知其用于规避对受保护的作品或者作品的一部分的版权人的权利进行有效保护的技术措施的人销售或者与他人合作销售。"可见，这一规定禁止对任何目的在于规避有效保护版权人权利的技术措施的非法交易。

(二)"规避"和"有效"的含义

DMCA 第 1201 条(a)(3)(A)❶和第 1201 条(a)(3)(B)❷分别对"规避"的含义以及"有效"控制接触的技术措施的含义作了明确规定。"规避"是指未经版权人授权而对设有扰频的作品解除扰频、对加密作品进行解密或者以其他方式回避、绕过、移除、破解或破

---

❶　17 U. S. C. § 1201 (a) (3) (A)："circumvent a technological measure means to descramble a scrambled work, to decrypt an encrypted work, or otherwise to avoid, by-pass, remove, deactivate, or impair a technological measure, without the authority of the copyright owner."

❷　17 U. S. C. § 1201 (a) (3) (B)："a technological measure 'effectively controls access to a work' if the measure, in the ordinary course of its operation, requires the application of information, or a process or a treatment, with the authority of the copy-right owner, to gain access to the work."

坏技术措施的行为。至于"有效",是指在正常操作过程中,要求输入某种申请信息或者须以版权人授权允许的程序或处理方法才能接触到该作品,这样的技术措施才构成"有效"的控制接触作品的技术措施。

(三) 对技术措施的保护范围

从上面列举的三个反规避条款的具体内容来看,DMCA 对技术措施的保护范围是很广泛的,远远超出了 WCT 和 WPPT 所要求的最低限度标准。

(1) 从技术措施的角度来看:DMCA 为控制接触的技术措施提供了全面保护,既包括对直接规避行为的禁止,也包括对准备行为——制造、进口或销售规避装置或设备、提供规避服务等行为——的禁止;但就保护权利的技术措施(如防止复制的技术措施)而言,DMCA 并未规定禁止直接规避行为,仅规定禁止相关规避设备、装置的制造、进口、销售以及相关规避服务的提供等准备行为。

(2) 从禁止的规避行为的角度来看:DMCA 虽然既涉及对直接规避行为的禁止,也涉及对相关规避设备的非法交易及规避服务的提供等准备行为的禁止;但对直接规避行为的禁止仅仅限于对控制接触的技术措施的规避,而对准备行为的禁止则涉及两种技术措施的规避设备或服务。DMCA 对两种技术措施的规避装置的交易及规避服务的提供的禁止条款,通常被称为"反交易条款"。❶

因此,在实际生活中,对于必须输入密码才能进入网页浏览作品的情形,即采用了控制接触的技术措施,使用者必须通过相关程

---

❶ 章忠信. 美国著作权法科技保护措施例外规定之探讨 [J]. 万国法律,2007,(151):44~54.

序获得密码后才能访问、接触相关作品；此时，若有人未经权利人许可而擅自破解密码、规避技术措施并浏览相关作品，就构成了对DMCA技术措施保护条款的违反。但是，对于采取技术措施防止他人擅自打印或储存作品的情形，即采用了保护权利（复制权）的技术措施；此时，若有人擅自破解密码、规避技术措施而对作品进行打印或储存，并不会构成对DMCA技术措施保护条款的违反，而是回到美国版权法的原有规定，判断该打印或储存行为是否构成合理使用行为，还是构成对复制权的侵害，再决定其是否承担法律责任。❶

至于为何不禁止针对保护权利的技术措施而为的直接规避行为，美国立法者的解释是："规避技术措施所产生的复制往往是对作品的合理使用，而且即使复制行为侵犯了版权，版权人也可以依版权法相关条款获得救济，而不用依技术措施保护条款主张权利。"❷ 因此，若某人规避某项保护权利的技术措施的行为构成对版权的侵害的话，可援引版权法中传统的侵权条款责令其承担侵权责任；但若其实施的是合理使用等法律准许的行为，就无须承担法律责任。❸

（四）相关法律责任与救济

DMCA对规避行为规定了严格的民事责任和刑事责任。根据相关规定，即使没有实施传统意义上的版权侵权行为，单纯的违反上述三个反规避条款之一的规避者也须承担相应法律责任。因规避行

---

❶ 台湾地区学者章忠信也持相同的观点。章忠信. 美国著作权法科技保护措施例外规定之探讨［J］. 万国法律，2007，（151）：45～48.

❷ Besek，June M. Anti-Circumvention laws and copyright［J］. Columbia Journal of Law & the Arts，2004，27（2）：398. 转引自孙雷. 邻接权研究［M］. 北京：中国民主法制出版社，2009：238.

❸ 有学者对此持类似观点。［匈］米哈依·菲彻尔. 版权法与因特网［M］. 郭寿康，万勇，相靖，译. 北京：中国大百科全书出版社，2009：803～804.

为或相关交易行为而受损害的人，有权提起民事诉讼、请求法院发布禁令、对涉案物品进行扣押甚至责令被告进行赔偿。

值得注意的是，根据相关规定❶，即使是无过错的技术措施规避者、相关规避设备或规避服务的交易者或提供者，也应承担相应的法律责任。行为人的主观心态对其是否承担法律责任并无影响，只能作为确定损害赔偿数额时的一个参考因素。

（五）技术措施保护的例外与限制

为了确保社会公众对受保护的作品有一定的利用自由，美国对技术措施的反规避保护规定了若干例外。这些例外主要是通过两个方面来体现的：一方面采用列举式立法在 DMCA 中予以明确；另一方面则通过定期评估制度❷，授权国会图书馆制定并公布例外的具体情形。后者可谓发展中的动态例外。

1. DMCA 中规定的例外

DMCA 在对版权人的技术措施予以周全保护的同时，也详细列举了若干例外情形，即允许规避技术措施的情形。客观地说，美国 DMCA 对例外情形的规定是较为全面的。具体而言，DMCA 规定了以下七项例外：

（1）对非营利性图书馆、档案馆和教育机构的责任豁免（Exemption for Nonprofit Libraries, Archives, and Educational Institutions,

---

❶ 17 U. S. C. § 1203 (c) (5) (2002).

❷ 自从 DMCA 在美国国会得以通过后，美国从未停止过对该法尤其是第 1201 条的审视和反思。美国不少学者在持续关注 DMCA 关于技术措施反规避保护条款的实际运作效果，并对 DMCA 第 1201 条提出了不少尖锐、深刻的批评意见。为暂时缓解以未来数字联盟等为代表的利益集团的压力，美国设定了 DMCA 定期评估机制。DMCA 明确授权美国国会图书馆馆长每三年一次对控制接触的技术措施的法律保护对相关公众非侵权使用的不良影响予以评估，并参考广大社会公众的意见、建议及其理由，适时更新并公布禁止规避控制接触的技术措施的例外情形。

17 U. S. C. § 1201 ［d］)：DMCA 规定，上述机构在无法通过其他合理方式获得作品时，若善意地仅为决定是否有必要购买该有关作品的复制件，可以规避控制接触的技术措施。

（2）法律实施、情报收集和其他政府行为（Law Enforcement, Intelligence, and Other Government Activities, 17 U. S. C. § 1201 ［e］)。

（3）反向工程（Reverse Engineering, 17 U. S. C. § 1201 ［f］)：为实现使某独立编写的计算机程序与其他程序相兼容的唯一目的，当对某程序的要素进行鉴别和分析是必需的情况下，若该程序是经合法获得使用权的、且其要素无法轻易获得，则可以基于此目的而规避技术措施。

（4）加密研究（Encryption Research, 17 U. S. C. § 1201 ［g］)：DMCA 规定，凡合法获得被加密的已发表作品的人，若经善意努力后无法获得授权，可以为加密研究的目的而规避技术措施。

（5）基于保护未成年人的例外（Exceptions Regarding Minors, 17 U. S. C. § 1201 ［h］)：为保护未成年人，防止其接触互联网上的色情、暴力等不良内容，DMCA 规定，唯一功能在于阻止未成年人访问网上特定内容的技术、产品、服务或设备可以享受豁免。

（6）保护个人身份识别等私人信息（Protection of Personally Identifying Information, 17 U. S. C. § 1201 ［i］)：为确保用户的个人身份信息不被非法收集或传播，DMCA 规定，若某技术措施具有收集或传播反映访问作品者个人身份识别信息的功能，但访问者未收到明确通知且无法阻止该收集或传播行为时，该访问者可以规避该技术措施，但规避的唯一效果须是取消其收集或传播个人信息的功能，而且不能影响他人访问该作品的能力。

（7）安全测试（Security Testing, 17 U. S. C. § 1201 ［j］)：为

便于发现、查找或更正计算机、计算机系统以及网络系统的安全性漏洞和薄弱环节，DMCA 规定，经计算机、计算机系统或计算机网络的所有人或经营者授权，为进行安全性测试而规避技术措施的不构成侵权，可以为进行安全性测试活动而开发、制造、传播或使用技术手段。

在上述七项例外中，只有第（2）项可以构成三种规避行为——对控制接触技术措施的规避以及制造或提供规避两种技术措施的设备或服务——的例外；第（1）（4）（6）（7）项是仅针对控制接触的技术措施而设的例外；第（3）（5）项则是针对制造或提供规避两种技术措施的设备或服务而设的例外。

另外，美国版权法还对录音制品的技术措施保护的限制作了专门规定，即录音制品版权人应向传输组织提供必要的方法，使其能够为传播或存档之目的而制作录音制品复制件；若版权人未履行上述义务，传输组织可以为制作临时复制件而规避录音制品上的技术措施。❶ 可见，在特定情形下，传输组织可以基于广播或存档的目的破解录音制品上的技术措施。

2. 授权定期公布的例外

考虑到滞后性、列举式规定的不周延性等立法的固有缺陷，为避免或减少技术措施保护对特定种类作品使用者的非侵权使用的限制或不良影响，美国版权法还特别授权国会图书馆馆长，要求其定期评估并制定禁止规避技术措施的例外情形。❷ 美国国会图书馆馆长

---

❶ 17 U. S. C. § 112 (e) (8) (2002).

❷ 17 U. S. C. § 1201 (a) (1) (B)，(C)，(D)，(E). 这些条款确认了一种行政规章的制订程序，用以评价 DMCA 第 1201 条对规避接触控制的技术措施所作的禁止性规定所产生的影响。这些禁止性规定从适用之日起就可能受到例外的约束：若某种特殊类型的作品的非侵权使用可能受到不良影响，就可能给予其使用者允许规避技术措施的例外待遇。

应当每三年一次，参考版权局的相关建议，评估技术措施保护对作品使用的影响，对禁止规避防止接触的技术措施的例外情形予以制定和公布，并向国会作该部分规定的执行评估报告。❶ 值得注意的是，此类例外类型仅针对防止接触的技术措施的规避行为，而不及于防止接触的技术措施的规避工具（如装置、设备），也不及于保护权利的技术措施的规避工具。❷

从目前来看，该制度的执行情况良好。2000 年 10 月 27 日，国会图书馆馆长首次在《联邦公报》上公布了两类范围较小的豁免：第一类是过滤应用软件（Filtering Software）筛选的网站汇编名单；第二类则是，被接触控制的技术措施所保护的、包括计算机程序和数据库在内的文学作品，因该技术措施发生故障、损坏或者过时等原因而无法提供作品的接触的。❸ 2003 年 10 月 28 日，国会图书馆馆长第二次发布公告，确定了四种类型的例外❹，有效期至 2006 年 10 月 27 日。2006 年 10 月 27 日，美国国会图书馆馆长第三次发布

---

❶　17 U. S. C. § 1201（a）（1）（B），（C），（D），（E）.

❷　沈宗伦. 论科技保护措施之保护于著作权法下之定性及其合理解释适用：以检讨我国著作权法第 80 条之 2 为中心［J］. 台大法学论丛，2009，（2）：309.

❸　这两类豁免的适用时间是 2000 年 10 月 28 日至 2003 年 10 月 27 日。See Exemption to prohibition on circumvention of copyright protection systems for access control technologies，65 FR64555（October 27，2000）［EB/OL］. http://www. copyright. gov/fedreg/2000/65fr64555. pdf，2010 – 09 – 20.

❹　Exemption to prohibition on circumvention of copyright protection systems for access control technologies，68 FR 62011，62013（2003）［EB/OL］. http://www. copyright. gov/fedreg/2003/68fr2011. pdf，2011 – 04 – 18. 这四种例外为：（1）商业过滤应用软件的筛选网址的汇编名单；（2）借助于硬件锁的保护以防止被任意接触的计算机程序，但该硬件锁已发生故障或损坏且该型号已被淘汰，导致该计算机程序无法被接触的；（3）以已被淘汰的格式存储的计算机程序或视频游戏软件，必须借助于原有媒介或软件才能实现接触的；（4）以电子书格式发行的文字作品，其现存的所有版本均已通过控制接触的技术措施来阻止其朗读功能的使用或者防止其以特殊屏幕读取方式被接触的。

公告，宣布了六种作品类型。❶ 第四次发布公告是 2010 年 7 月 26 日，公布了六种情形的例外。❷

3. 合理使用的限制❸

上述两种类型的例外事实上构成对技术措施保护的限制。另外，合理使用也构成对技术措施保护的限制。❹ DMCA 明确规定，该法第 1201 条的规定将不会影响该法对有关权利、救济、权利限制或版权

---

❶ 这六种类型分别是："a. 若为课堂教学的目的，大学图书馆或者影视、传播等专业可以通过规避技术措施来撷取视听作品的部分内容；b. 对于特定的以被淘汰的格式存储的计算机程序或者游戏软件，其无法在新媒体上运行而是须通过原有媒介或硬件才能接触的，若出于供图书馆或档案机关保存已发行的数字作品或者存档的目的，则可以规避技术措施以复制该数字作品的内容；c. 当某计算机程序因连接装置的功能失常或毁损且在市场上无法以合理的价格或渠道更换或修理时，可以允许规避技术措施以接触该程序；d. 为使具有朗读功能或者内容格式转换功能的特殊软件得以运行，可以允许规避电子书中的防止接触的技术措施；e. 当仅仅为了使无线电话连接上无线电话通信网络时，可以允许规避相关的技术措施；f. 对于装载有录音作品以及含有录音作品的视听作品的光碟，若其合法版本中附带的控制接触的技术措施可能损及个人电脑的安全，那么，出于安全检测、安全瑕疵修正或者降低受恶意软件攻击的机会等善意目的而为的规避行为是允许的。"根据惯例，上述六种例外类型适用的有效期为 3 年：2006 年 10 月 28 日至 2009 年 10 月 27 日。Library of Congress, Copyright Office, 37 CER Part 201, Exemption to prohibition on circumvention of copyright protection systems for access control technologies, 71 FR 68472, 68473 – 77（Nov. 21, 2006）[EB/OL]. http：//www. copyright. gov/fedreg/2006/71fr68472. pdf, 2011 – 11 – 18.

❷ Billington, James H. Statement of the librarian of congress relating to section 1201 rule-making [EB/OL]. http：//www. copyright. gov/1201/2010/Librarian-of-Congress-1201-Statement. html, 2010 – 07 – 26. 需要说明的是，2006 年 10 月 27 日（第三次评估）公布的六种例外类型所适用的有效期本应为 3 年，截至 2009 年 10 月 27 日。但因种种原因，第四次评估和更新工作未能如期进行，美国版权局便于 2009 年 10 月 28 日发布规定，使 2006 年公布的作品类型继续沿用。

❸ 在美国，"合理使用"能否构成对技术措施保护的限制，学者间对这一问题存在着争议。有学者认为，在美国，技术措施的保护上不存在合理使用的适用空间。

❹ 当然，技术措施保护的例外与合理使用在性质上是有区别的。前者只是导致技术措施规避行为的责任豁免，后者本质上是对版权人的版权总体上的限制以及版权侵权的抗辩。

侵害的抗辩（包括合理使用）等所作的规定。❶

（六）技术措施保护与相关设备产业的关系

在生产实践中，技术措施的保护可能会对相关设备产业产生潜在影响。为了为技术措施提供非常周全的保护，版权人可能希望相关设备产业在制造相关产品时能符合其特别要求，如在产品上体现某种特别的设计或者安装某种设施以实现对技术措施的保护功能。因此，如何妥善处理技术措施保护与相关设备产业之间的关系，努力维持适当的平衡，是各国必须面对的一个重要问题。

在此问题上，美国基本上将天平倾向于维护相关设备产业的正当利益这一边。一方面，DMCA 对可能危及版权（主要是复制权）的模拟录制设备的生产或交易予以禁止；另一方面，却并未对数字设备的生产作出类似于对模拟录制设备那样的限制❷，而是在 DMCA 第 1201 条(c)(3)中规定了一个"非强制"条款，即第 1201 条对规避设备的禁止性规定，并没有要求消费性电子设备制造商、电信设备制造商或计算机设备制造商在设计产品时对任何特定的技术措施作出正面的回应。在司法实践中，美国法院的态度基本上也是倾向于相关设备产业这一方的。American Library Association, et al. v. Federal Communications Commission❸案就是一个典型例子。

---

❶　17 U. S. C. § 1201 (c) (1998)："(c) Other rights, etc., not affected. (1) Nothing in this section shall affect rights, remedies, limitations, or defenses to copyright infringement, including fair use, under this title."

❷　17 U. S. C. § 1201 (k) (2002). DMCA 第 1201 条第（k）款强制性要求模拟盒式录像机的制造商对某种特定的技术作出正面回应，即在 DMCA 颁布之日起 18 个月后，所有的制造商在设计模拟盒式录像机时，必须使相关产品符合某种特定的技术要求。

❸　406 F. 3d 689,（C. A. D. C. 2005）.

二、欧盟的技术措施制度

（一）相关立法简介

协调各成员国的版权立法是欧盟版权法的重要立法目的之一。在版权方面，欧盟的法律主要包括国际公约、相关指令、欧洲法院（ECJ）和欧洲初审法院（CFI）的判决等。目前，在欧盟的相关指令中，与版权有关的指令共有 9 部，涉及版权及邻接权保护、计算机程序保护、数据库保护、租赁权、保护期限等各个方面。其中，涉及数字版权保护的如《计算机软件保护指令》（Directive 91/250/EC）、《数据库版权保护指令》（Directive 96/9/EC）等。在欧盟内部，与技术措施的反规避保护最直接相关的指令是 2001 年 5 月 22 日欧盟通过的《信息社会版权指令》（Directive 2001/29/EC）❶，其对技术措施的保护作了较为详尽的规定。

（二）欧盟《信息社会版权指令》对技术措施的保护

1. 对"技术措施"的界定

欧盟《信息社会版权指令》对"技术措施"作了明确的界定。该指令第 6 条第 3 款规定，"技术措施"是指在正常运行过程中，用以防止或限制未经著作权人、相关权利人或者数据库特别权利人授权而使用作品或者其他客体的技术、设备或者部件。❷ 根据《信息社会版权指令》第 6 条第 1 款的规定，各成员国仅有义务对"有效"

---

❶ 在对技术措施版权保护相关制度在欧盟的运作实践予以介绍的这一部分中，若无特别说明，"指令"即是指欧盟的《信息社会版权指令》。

❷ Article 6：3. For the purposes of this Directive, the expression "technological measures" means any technology, device or component that, in the normal course of its operation, is designed to prevent or restrict acts, in respect of works or other subject-matter, which are not authorised by the rightholder of any copyright or any right related to copyright as provided for by law or the sui generis right provided for in Chapter III of Directive 96/9/EC.

的技术措施提供法律保护。

2. "有效"的含义

既然《信息社会版权指令》规定，各成员国仅有义务对"有效"技术措施提供保护，那么何为"有效"呢？该指令第 6 条第 3 款进行了解释：当受保护的作品或其他客体通过权利人所采用的加密、扰频、转换形式的其他方式或复制控制系统等控制接触或保护权利的技术措施，实现了保护目的时，该技术措施应被视为"有效"。❶ 显然，该条款对"有效"的界定表明，这里所指称的"技术措施"实际上包括了控制接触的技术措施（access control process）和保护权利的技术措施（protection process）两种类型。这就意味着，该指令要求各成员国将控制访问的技术措施也纳入保护范围。

3. 对技术措施的保护范围及救济

欧盟《信息社会版权指令》为技术措施提供的保护主要体现为第 6 条的规定。该条的具体内容为❷：（1）成员国应规定适当的法律保护，制止任何明知或有合理理由知道仍追求此目标的人所实施的规避有效技术措施的行为。（2）成员国应规定适当的法律保护，制止制造、进口、发行、销售、出租装置、产品或组件，为销售或出租而发布广告，或为商业目的拥有装置、产品或组件，或提供服务的下列行为：①为规避任何有效技术措施的目的，进行促销、发布广告或市场营销；或②除规避外，只有有限的商业目的或用途；

---

❶ Article 6：3. …Technological measures shall be deemed "effective" where the use of a protected work or other subject-matter is controlled by the rightholders through application of an access control or protection process, such as encryption, scrambling or other transformation of the work or other subject-matter or a copy control mechanism, which achieves the protection objective.

❷ 该条文的中文翻译请参见：［匈］米哈依·菲彻尔. 版权法与因特网［M］. 郭寿康，万勇，相靖，译. 北京：中国大百科全书出版社，2009：808～809.

或③设计、生产、改装或实施的主要目的是为促成或便利规避任何有效技术措施。

与其他国家或地区相比，可以说，欧盟的《信息社会版权指令》为技术措施提供了全方位的法律保护，其保护范围极为广泛，甚至超过了美国。首先，根据指令的要求，各成员国应当为两类技术措施——控制接触和保护权利的技术措施提供法律保护。这一点鲜明地反映在该指令第 6 条第 3 款对"有效"的解释之中。其次，指令不仅仅既禁止对接触控制技术措施的规避行为以及对保护权利技术措施的规避行为，同时还禁止与两类技术措施的规避行为有关的"准备行为"。也就是说，不仅禁止针对两类技术措施的直接规避行为，还禁止针对两类技术措施的规避行为的准备行为。其中，该指令关于"准备行为"的规定与美国 DMCA 的相关规定非常类似。很显然，欧盟《信息社会版权指令》对技术措施的保护远远超出了 WCT 和 WPPT 所要求的保护水平。

在相关法律责任的归责原则方面，欧盟可谓比较特殊。《信息社会版权指令》在规避者的归责上采用了过错责任原则，但在直接侵权与间接侵权中则有所区别。该指令第 6 条第（1）款要求行为人具有主观过错或谓"恶意"，即"在相关人的知识范围内实施或有合理的根据知道"。而根据其第 6 条第（2）款的规定，行为人存在主观过错的情形有：①以规避为目的的市场推广、广告或市场行为；②不以规避为目的，但具有有限的商业意义；③主要目的在于规避或者帮助规避。值得注意的是，后一条款是从相关设备的用途的角度对"过错"进行认定的。

在法律救济方面，针对上述各种明令禁止的规避行为，指令要求各成员国必须采取措施，使相关权利人能提起损害赔偿之诉或/和申请禁令，并在一定条件下能申请没收相关材料、设备、产品或零部件。

4. 技术措施保护的例外与限制

欧盟《信息社会版权指令》主要从保护社会公共利益、确保社会公众对作品和其他客体的合理使用等方面对技术措施的保护予以限制，其规定比较复杂，最主要体现在该指令第 5 条和第 6 条的规定中。

（1）对各成员国规定例外与限制的总体要求和原则。

在欧盟《信息社会版权指令》中，合理使用是最重要同时也是最主要的一类例外与限制。为避免对技术措施的保护规定过度挤压传统版权法中的合理使用，欧盟借由上述指令的第 6 条引导各成员国的立法，以确保特定的合理使用行为。

第一，对技术措施的保护不得损害指令第 5 条所规定的"公共政策"或"公共安全"，不得对非基于规避目的且不具有显著商业目的、用途的设备的生产或交易行为构成妨碍。[1] 第二，合理使用例外仅仅适用于第三人的规避行为，而不适用于规避工具的"非法交易"行为[2]，不适用于准备行为。[3] 第三，在决定是否属于允许规避的合理使用情形时，应优先尊重版权人与作品使用者等当事人之间的合意；若当事人未能达成协议的状态持续达一定的期间，指令则要求各成员国采取适当措施以确保允许作品使用者规避及享受特定

---

[1] Recital 51, 48 of the EC Copyright Directive (2001).

[2] Koelman, Kamiel. A hard nut to crack: the protection of technological measures [J]. E. I. P. R., 2000, 22 (6): 274.

[3] 因为指令第 6 条第（4）款只适用于第 6 条第（1）款，即禁止规避的条款，但不适用于第 6 条第（2）款，即禁止为规避提供帮助的条款。

的合理使用的利益。❶ 第四，在当事人无约定时，指令要求成员国采取适宜措施，以确保特定的合理使用情形不至于因技术措施的规定而受影响。第五，指令要求成员国在当事人无约定时采取适宜措施的合理使用类型，仅限于第 5 条第（2）、（3）款的部分内容，并不及于第 5 条规定的所有例外或限制情形。❷ 第六，对于旨在控制作品或邻接权客体的复制所设的技术措施，指令允许成员国立法将基于私人复制目的的规避行为排除在技术措施保护之外。❸ 第七，成员国在立法中对技术措施的保护进行限制时，不得妨碍对著作权或其他相关权利人在控制复制数量方面采取的适当的技术措施的保护，且应考虑对其予以合理补偿。❹

（2）指令第 6 条第（4）款所列举的例外与限制。

根据该指令第 6 条第（4）款第 1 段❺的规定，在符合特定条件的情形下，各成员国应采取适当措施，保证权利人使受益方从国内

---

❶ 根据指令第 6 条第（4）款以及第 51 段等相关规定，成员国应鼓励并积极促使权利人采取与有关当事方缔结、履行协议等自愿措施，以使国内法对著作权及其他权利的限制与指令的目标和宗旨相一致。若在合理期限内未达成此种自愿措施或协议，成员国应采取适当措施使其国内法能确保公众从例外和限制性规定中获益，这种获益以必要的程度为限，且受益方须对作品或其他相关客体有合法的接触权。同时，为防止权利人滥用这种措施，包括在协议的范围内或由成员国采取的措施，凡适用于实施这类措施的任何技术措施均应享有法律保护。

❷ 欧盟《信息社会版权指令》第 5 条关于作品合理使用的规定中，除第 1 款对"临时复制"的规定属于强制性规定外，其余均是各成员国立法时可选择的项目。

❸ Article 6 (4) of the EC Copyright Directive (2001).

❹ Article 6 (4) of the EC Copyright Directive (2001).

❺ 其内容为："尽管第（1）款规定了法律保护，在权利人没有采取自愿措施，包括权利人和其他相关各方之间没有达成协议的情况下，成员国应采取适当措施，以保证权利人使受益方从国内法规定的例外或限制中获益，国内法规定的例外或限制的方式应符合第 5 条第（2）款（a）、（c）、（d）、（e）项和第（3）款（a）、（b）或（e）项的规定。该例外或限制以获益的必要程度为限，且受益方需对有关的受保护作品或其他相关客体有合法的接触权。"

法规定的例外或限制中获益；而各成员国国内法规定的例外或限制应符合指令第 5 条第（2）款第（a）、（c）、（d）、（e）项和第（3）款第（a）、（b）或（e）项的规定。❶这里列举的七种例外或限制情形分别是：①在纸质或其他类似的介质上进行复制；②公共图书馆、教育机构等进行的特殊复制；③广播组织进行的暂时录制；④某些社会机构复制广播的行为；⑤为教学的举例说明目的或科研目的而使用；⑥为残障人士的利益而使用；⑦为了公共安全目的或为了保证行政、议会或司法程序的正常履行而使用。

　　需要明确的是，当成员国在其国内法中规定以上七种例外或限制情形中的一种或若干种时，应注意以下几点：第一，以上例外或限制应以获益的必要程度为限，且受益方需对有关的受保护作品或其他相关客体有合法的接触权。也就是说，受益方能享受上述例外或限制中的利益的前提是须基于已经合法地获得接触了的作品，指

---

　　❶《信息社会版权指令》第 5 条第（2）、（3）款的相关内容为：第 5 条第（2）款："在下列情况下，成员国可对第 2 条规定的复制权规定例外或限制：（a）除乐谱外，使用任何照相技术或其他类似的技术手段，在纸质或其他类似的介质上进行复制，但权利人应获得合理补偿；……（c）由公众可进入的图书馆、教育机构、博物馆或档案馆进行的无直接且无间接商业利益的特殊复制；（d）广播组织利用自有的设备为自己的广播对作品制作临时录制品；因为这些录制品具有特殊的文献性质，可以允许将其保护于官方的档案馆中；（e）由没有商业目的的社会机构——如医院或监狱等——复制广播，条件是权利人应获得合理补偿。"

　　第 5 条第（3）款："在下列情况下，成员国可以对第 2 条和第 3 条规定的权利规定例外或限制：（a）仅为教学的举例说明目的或科研目的而使用，只要指出了作品来源，包括作者姓名，除非结果表明指出来源是不可能的，并以实现正当的非商业目的为限；（b）为残障人士的利益而使用，须与残障直接相关且是非商业性的，以特定的残障的需求为限；……（e）为了公共安全目的或者为了保障行政、议会或司法程序的正常进行或报告而使用。"

令第 6 条第（4）款并未许诺帮助受益方合法获得其所需作品。❶ 第二，以上例外或限制不应适用于版权人按照合同约定使公众中的成员在其个人选择的地点和时间获得作品或其他客体的情形。第三，即使肯定上述限制或例外，受益方也不享有直接规避技术措施的自助权，指令仅仅要求成员国采取措施要求版权人为受益方提供相关途径。

（3）关于私人复制的例外。

根据指令的相关规定，在一定条件下，各成员国还可以依据第 5 条(2)(b)规定的例外或限制对受益方采取相关措施❷，而该第 5 条(2)(b)即关于"为私人使用而在任何介质上进行复制"的规定。可见，基于私人复制目的的例外同样是各成员国可自行选择是否在立法中予以规定的例外类型，而非强制性的、必须规定的一个例外情形。

指令第 5 条(2)(b)的规定为："在下列情况下，成员国可以对第 2 条规定的复制权规定例外或限制：（a）……（b）自然人为私人使用的目的在任何介质上进行的复制，无论是否有直接或间接的商业目的，条件为——无论第 6 条所指的技术措施是否适用于作品或相关客体，权利人均应获得合理的补偿。"

另据指令的序言第 52 段规定："当适用根据第 5 条第(2)款（b）项规定的私人复制的例外或限制时，成员国也应鼓励采取自愿措施，以促成该例外或限制的目标。如果在合理期限内不可能采取为私人使用目的进行复制的自愿措施，成员国就可以采取措施，使

---

❶　Basler, Wencke. Technological protection measures in the United States, the European Union and Germany: how much fair use do we need in the "digital world"? [J]. Virginia Journal of Law & Technology, 2003, 8 (13): 15 ~ 16.

❷　Paragraph 2 of Article 6 (4) of the EC Copyright Directive (2001) .

有关例外或限制的受益方从中受益。"其中，"自愿措施"包括权利人与有关当事方之间的协议以及成员国采取的措施，但不应妨碍权利人使用与依据第 5 条(2)(b)在国内法中规定的例外或限制不相抵触的技术措施。值得注意的是，指令还要求各成员国在制定相关规定时，考虑合理补偿的条件以及符合第 5 条第(5)款的各种使用条件的可能差别，如控制复制的数量。

归纳起来，关于指令第 5 条(2)(b)所规定的"私人复制"例外，有两点需特别注意：第一，为私人复制目的所为的规避行为是否构成技术措施相关保护规定的违反，抑或是合法的例外情形，欧盟交由各成员国自行决定❶；第二，若要将为私人复制目的所为的规避行为作为技术措施保护的例外，需满足以下四个条件：①若版权人在其他地方已使其作品提供给社会公众复制，则第三人不得主张其规避保护相同作品的技术措施的行为是合法行为❷；②即使基于私

---

❶　Braun, Nora. The interface between the protection of technological measures and the exercise of exceptions to copyright and related rights: comparing the situation in the United States and in the European Community [J]. E. I. P. R., 2003, 25 (11): 501～502.

❷　Paragraphs 1 and 2 of Article 6 (4) of the EC Copyright Directive (2001):

Notwithstanding the legal protection provided for in paragraph 1, in the absent of voluntary taken by rightholders, including agreements between rightholders and other parties concerned, Member States shall take appropriate measures to ensure that rightholders make available to the beneficiary of an exception or limitation provided for in national law in accordance with 5 (2) (a), 2 (c), 2 (d), 2 (e), 3 (a), 3 (b) or 3 (e) the means of benefiting from that exception or limitation, to extent necessary to benefit from that exception or limitation and where that beneficiary has legal access to the protected work or subject-matter concerned.

A Member State may also take such measures in respect of a beneficiary of an exception or limitation provided for in accordance with Article 5 (2) (b), unless reproduction for private use has already been made possible by rightholders to the extent necessary to benefit from the exception or limitation concerned and in accordance with the provisions of Article (2) (b) and (5), without preventing rightholders from adopting adequate measures regarding the number of reproductions in accordance with these provisions.

人复制目的所为的规避行为被法律所允许，版权人仍可保有决定开放复制次数的权利❶；③基于私人复制目的所为的规避行为是否为法律所允许，除应考虑规避目的外，还须考量：若允许此类规避行为，是否会与版权人正常利用作品产生冲突以及是否会不合理地损害版权人的合法利益❷；④私人复制的例外不应适用于版权人按照合同约定使公众中的成员在其个人选择的地点和时间获得作品或其他客体（on-demand services）的情形❸。

由上观之，对基于"私人复制"目的所为的规避行为，欧盟采取了较为严格的态度以审视其合法性。与指令第 5 条第（2）（3）款所规定的涉及"公共政策"或"公共安全"的其他例外情形相比，在解释和限定条件方面都更为严格。

（4）与计算机软件专有权有关的特别例外。

除上述各种例外之外，需要特别注意的是，计算机软件并不适用欧盟《信息社会版权指令》对技术措施的相关保护规定。与计算机软件有关的技术措施必须遵守欧盟《计算机软件保护指令》的规定，当某种规避技术措施的方法是进行欧盟《计算机软件保护指令》第 5 条第（3）项或第 6 条规定的行为——还原工程或反编译——所必需的时，不得以《信息社会版权指令》的规定来禁止或限制该方法的发展或使用。可见，《计算机软件保护指令》第 5 条和第 6 条

---

❶ Paragraphs 1 and 2 of Article 6 （4） of the EC Copyright Directive （2001）.

❷ Paragraphs 1 and 2 of Article 6 （4）, Article 5 （5） of the EC Copyright Directive （2001）.

Article 5 （5） of the EC Copyright Directive （2001）："The exceptions and limitations provided for in paragraphs 1, 2, 3 and 4 shall only be applied in certain special cases which do not conflict with a normal exploitation of the work or other subject-matter and do not unreasonably prejudice the legitimate interests of rightholder."

❸ Article 6 （4） of the EC Copyright Directive （2001）.

是针对计算机软件专有权所作的一种特别例外规定。

5. 技术措施保护与相关设备产业的关系

在技术措施保护与相关设备产业之间的关系方面，《信息社会版权指令》并未像美国 DMCA 那样规定"非强制"条款。但该指令在序言中明确指出：对技术措施的保护"并不要求装置、产品、组件或服务的设计必须符合技术措施的要求"❶，只要其本身不是该指令所禁止的设备或行为。❷

三、澳大利亚的技术措施制度

与美国和欧盟相比，澳大利亚并非版权法领域最活跃的国家，但其《数字议程法案》（*Digital Agenda Act 2000*）以及其注重版权人私益与社会公众公益平衡的态度，使得澳大利亚在数字版权领域处于一个值得关注的地位。澳大利亚的技术措施保护立法具有一定的特色和代表性。

1997 年 7 月，澳大利亚版权主管机关法务部与通讯文化部联合发表了《版权改革与数字议程》（*Copyright Reform and Digital Agenda*）。1999 年 2 月，版权法修正草案出台，该草案于 2000 年 8 月 17 日由澳大利亚国会通过、9 月 4 日经澳大利亚总督批准，并于 2001 年 3 月 4 日开始实施，即为《数字议程法案》。在澳大利亚，是《数字议程法案》首次对技术措施的版权法保护作了详细规定。2004 年 5 月 18 日，澳大利亚与美国签订了《澳美自由贸易协定》。在该协定实施后❸，澳大利亚的版权法有部分规定经过了修正，其修正后的

---

❶　Recital 48 of the EC Copyright Directive（2001）.

❷　Recital 48 of the EC Copyright Directive（2001）.

❸　该协定于 2005 年 1 月 1 日生效。

版权法关于技术措施的保护以及例外的立法模式与美国法类似。❶

（一）对"技术措施"的界定

在《澳美自由贸易协定》签订前，澳大利亚版权法对"技术措施"的定义非常强调技术措施的采用目的须是"防止或抑制对版权的侵害"。《数字议程法案》第 10 条第 1 款规定："所谓技术保护措施，是指某种设备、产品或者与某程序相结合的组件，在正常操作的情况下，其目的在于以下列方式阻止或妨碍对版权或其他保护客体的侵害：（1）通过确保某作品或其他保护客体只有在经版权人或其被许可人授权后使用接触码或程序（包括解码、解压缩或其他转换形式者）才能被接触；（2）通过复制控制设备。"❷ 根据该法案的规定，有权享受技术措施的法律保护的主体除版权人外，还包括其独占许可的被授权人（exclusive licensee）。❸

在《澳美自由贸易协定》实施后，修正后的澳大利亚版权法第 10 条对"技术措施"的界定不再突出强调技术措施与防止或抑制版权被侵害之间的关联，但已将合法电影作品或计算机程序的复制品部分，关于避免在国外所购买的复制品于澳大利亚使用的"地理市

---

❶ Section 116 AN、AO、AP of Australian Copyright Act 1968.

❷ 该条款的英文原文为：Article 10：technological protection measure means a device or product，or a component incorporated into a process，that is designed，in the ordinary course of its operation，to prevent or inhibit the infringement of copyright in a work or other subject-matter by either or both of the following means：（a）by ensuring that access to the work or other subject matter is available solely by use of an access code or process（including decryption，unscrambling or other transformation of the work or other subject-matter）with the authority of the owner or licensee of the copyright；（b）through a copy control mechanism.

❸ Section 10 of Australian Copyright Act 1968，available at http：//www. comlaw. gov. au/ Comlaw/Legislation/ActCompilation1. nsf/0/CF0F41E18CD27484CA257323002077E3/MYMfile/ Copyright1968. pdf，2009 − 08 − 10.

场区隔”的装置、产品、科技或零件排除在法定技术措施之外。❶另外，当计算机软件的复制品被使用于特定装置或机器时，若该复制品中的装置、产品、技术或零件具有限制与计算机程序无关、但与前述特定装置或机器有关的商品或服务的功能时，则此装置、产品、技术或零件在法律上也不被认定为技术措施。❷

（二）对技术措施的保护范围

根据澳大利亚《数字议程法案》第 116 条之 A 的相关规定，任何人若知道或应当知道某设备或服务将被用于规避或者促进规避但未得到版权人或其独占许可人的许可，那么法律将禁止以下各种行为：制造规避设备；销售、出租或为销售、租用或者其他为促销、广告和市场营销目的而招商或者展示规避设备；为商业目的或者任何其他将对版权人产生不利影响的目的而提供规避设备；通过商业方式在公共场合展示规避设备；为了上述目的而进口规避设备；在线提供规避设备，达到对版权人产生不利影响的程度；提供规避服务或者对这种服务进行招商、广告或营销，若这种服务能够起到规避作用或者促进规避。❸

从以上规定可以看出，澳大利亚全面禁止为规避控制接触和控制使用的技术措施而提供规避设备或者规避服务的各种行为，但未对直接规避行为予以普遍性禁止。可以说，该法案禁止的是用于规避技术措施的设备或服务，而非规避行为本身；禁止准备行为（即

---

❶ 沈宗伦. 论科技保护措施之保护于著作权法下之定性及其合理解释适用：以检讨我国著作权法第 80 条之 2 为中心 [J]. 台大法学论丛，2009，（2）：307.

❷ 因此，技术措施与防止或抑制版权侵害之间的关联性在澳大利亚现行的版权法中依然存在，这一点未因版权法的新修正而受影响. 沈宗伦. 论科技保护措施之保护于著作权法下之定性及其合理解释适用：以检讨我国著作权法第 80 条之 2 为中心 [J]. 台大法学论丛，2009，（2）：307.

❸ Copyright Amendment（Digital Agenda）Act 2000, 116 A（1）（b），（c）.

间接侵权行为）但不禁止直接规避行为。因此，未经授权而使用规避技术措施的设备以接触某作品的行为并不在禁止范围之内。

《澳美自由贸易协定》实施后，澳大利亚新修订的版权法同时从规避行为和规避设备两方面肯定了对技术措施的保护。然而，值得注意的是，虽然从相关条款的表述来看，控制接触和控制复制的技术措施均为适格的技术措施❶，但因其对技术措施的目的须为"防止或抑制版权侵害"的强调，加上司法实践中也很强调技术措施与防止或抑制版权侵害之间的关联❷，所以实质上通过严格的解释方式缩小了版权法所保护的技术措施的范围。

对社会公众而言，澳大利亚的上述立法策略是较为宽松的，其目的在于为社会公众的合理使用保留必要的空间。澳大利亚的相关立法特别注意防止技术措施保护对合理使用的限制，将合理使用定性为一种"权利"，若合理使用受到妨碍，可以诉诸法律要求强制保障实施，以便扩大公共作品的范围。而且，澳大利亚十分注重和强调维护版权人利益与社会公众利益之间的微妙平衡。澳大利亚政府认为，只要禁止规避技术措施的设备的制造或交易行为，就能有

---

❶ Section 10 of Australian Copyright Act 1968 (regarding definition of "technological protection measure")：(a) an access control technological protection measure; or (b) a device, product, technology or component (including a computer program) that：(i) is used in Australia or a qualifying country by, with the permission of, or on behalf of, the owner or the exclusive licensee of the copyright in a work or other subject-matter; and (ii) in the normal course of its operation, prevents, inhibits or restricts the doing of an act comprised in the copyright…

❷ Stevens v. Kabushiki Kaisha Sony Computer Entertainment, 221 A. L. R. 448, at 47, 143 and 228 (High Court of Australia, 2005)。澳大利亚高等法院在该案中认定，Sony 公司的电脑游戏主机 PlayStation 中所含的、防止他人将未经授权制造的游戏片使用于主机内的装置，并不属于版权法第 10 条所规定的"技术措施"。当然，本案适用的版权法是《澳美自由贸易协定》签订前的版权法。可参见沈宗伦. 论科技保护措施之保护于著作权法下之定性及其合理解释适用：以检讨我国著作权法第 80 条之 2 为中心 [J]. 台大法学论丛，2009，(2)：307.

效地遏止规避技术措施的行为。澳大利亚"数字联盟"认为，仅禁止规避技术措施的设施而不禁止规避技术措施的行为，完全符合澳大利亚所承担的国际义务。

（三）"规避设备"的认定标准

如上所述，规避设备（或装置）和规避服务是澳大利亚版权法明确禁止的对象。那么，在实践中如何判定某项产品是否属于"规避设备"呢？采用何种认定标准才能妥善处理版权人利益维护与消费性电子产品、通信产品等相关产业发展之间的关系呢？

为了限制被禁止的"规避设备"的范围，在"规避设备"的认定上，澳大利亚同时采用了三项标准：第一，除了用于规避或便利规避外，在目的或使用上仅具有有限的商业意义或者完全不具有商业意义的设备或程序；第二，制造商、销售商知道或者应当知道某设备将被用于规避技术措施；第三，制造商、销售商知道或者应当知道某设备将被用于侵犯版权。

在上述三项标准中，第一项标准着眼于装置本身的目的或用途，其目的和意义在于确保某些通用的电子设备（如计算机、录像机）不至于仅因可能被用于规避技术措施而被认定为违法；第二、三项标准则是对制造商和销售商存在主观过错的要求。第二项标准表明，在与技术措施规避设备有关的侵权行为的归责原则方面，澳大利亚采用的是过错责任原则。第三项标准的意义则在于，"保证这项禁止性规定不会使版权法中的例外规定的形式受到限制"。因此，某项产品必须同时具备上述三个条件（三项标准）才能构成"规避设备"，从而落入版权法的禁止范围。

（四）禁止规避技术措施的设备或服务的例外

在禁止技术措施规避设备的交易以及规避服务的提供的同时，

澳大利亚还规定了若干例外。其例外情形可以分为一般例外和私人例外两类。

1. 一般例外

一般例外主要是政府方面的例外，包括政府或者政府授权的人为执法或者国家安全的目的，或出于英联邦、国家或地方政府的利益，或经英联邦、国家或地方政府授权的执行行为。对于此种例外，权利人可能会被赋予公平补偿的权利。

2. 私人例外

私人例外必须符合一定的程序和要求。私人例外的情形主要包括以下几项：

（1）根据第47D、47E及47F条的规定，为开发功能兼容的产品而对计算机程序进行复制，为更正计算机程序的错误而对计算机程序进行复制或者为了安全测试而对计算机程序进行测试。

（2）图书馆或档案馆按照第49条的规定，为读者而对作品进行的复制或传播。

（3）图书馆或档案馆按照第50条的规定，为保存等目的而对作品进行的复制或传播。

（4）教育机构或其他学术机构对作品进行的复制或传播。

（5）根据第183条的规定，为皇室的特定服务而使用作品。

（6）根据第116条A（1）和116条A（2）的规定，如为最终用户或为最终用户提供中介的人，在执行上述例外时，规避设备的制造、进口是被允许的。

（7）根据第 116 条 A（3）的规定❶，为实现对"不容易以不受技术措施保护的形式获得"的作品的"被许可的目的"的使用，所为的制造或进口规避设备的行为，在一定条件下构成禁止规避的例外。该项例外的构成须满足三个条件：第一，规避设备必须用于"被许可的目的"；第二，使用者须是一个适格的人；第三，使用者应向提供者提交一份声明，内容应包括该人的姓名、地址，该人为"适格的人"的依据。所谓"被许可的目的"，即符合版权法中例外规定的目的。

（8）若某人提供规避设备或规避服务仅仅用于被许可的目的，则为了使其能够提供此种设备或服务，制造或进口该规避设备的行为是被允许的。❷

（五）法律责任与救济

澳大利亚的现行版权法对规避技术措施行为的民事责任和刑事责任均作了规定。对于违反第 116 条之 A 关于禁止规避技术措施的规定者，民事救济方面主要包括禁止令、损害赔偿等。在民事赔偿方面，采取举证责任倒置，即被告须证明自己对于该设备或服务主要用于规避技术措施的事实并不知情，才能免责。在刑事责任方面，第 132 条之 6A 则规定处以罚金或者有期徒刑。

---

❶　澳大利亚《数字议程法案》第 116 条 A（3）中规定："若满足以下条件，对于行为人为许可的目的而提供规避设备或规避服务的行为，上面的规定不予适用：（1）该人是一个适格的人；并且（2）该人在提供者提供之前或者同时向提供者给予了一个由此人签字的声明：（a）表明此人的姓名和住址；并且（b）表明该人适格的证据；并且（c）表明了规避设备或者规避服务的提供者的地址、姓名；并且（d）表明该设备或服务仅用于适格的人所许可的目的；并且（e）表明该人为了所许可的目的而希望将该设备或服务用于某一作品或其他标的，对该人而言，该作品或其他标的不容易以不受技术措施保护的形式获得。

❷　澳大利亚《数字议程法案》第 116 条 A（4）。

四、日本的技术措施制度

为履行 WCT 和 WPPT 两条约就技术措施保护问题所规定的义务，并根据实际情况对立法作出相应调整，日本多次修改了其著作权法，最新一次修订是在 2009 年。❶ 日本对技术措施的相关立法主要体现于《著作权法》和《反不正当竞争法》中。其中，日本《著作权法》的相关条文主要有：第 2 条第 1 款第（20）项，对技术措施予以界定；第 30 条第 1 款第（2）项，规定了与技术措施有关的、不得进行的复制行为；第 120 条之二，规定了规避技术措施的刑事责任。

（一）对"技术措施"的界定

"技术措施"在日本著作权法中被称为"技术的保护手段"。根据日本《著作权法》第 2 条第 1 款第（20）项的规定，技术措施是指出于著作权人的意愿，以电子、磁气或其他人类无法感知的形式存在的，旨在防止或抑制侵犯著作权人的著作人格权、财产权或邻接权等的措施；这些措施必须采用了记录或传输对作品、表演、录音制品、广播或有线传播进行利用的设备产生特别影响的信号系统，并且其使用效果要符合著作权人或相关权利人的意愿。

可见，日本《著作权法》对"技术措施"的界定和保护条件是较为严格的。与其他国家立法中的定义相比，日本的界定其特色在于非常强调技术措施在技术上的要求及其表现形式——"以电子、磁气或其他人类无法感知的形式存在"，而且明确要求技术措施的目的须是"防止或抑制侵犯著作权人的著作人格权、财产权或邻接权

---

❶ 日本著作权法的英译本可从以下网址获得：http://www.cric.or.jp/cric-e/clj/clj.html.

等"。事实上，在技术措施的立法界定中规定技术方面的要求是很少见的。这表明，日本立法者虽然承认对技术措施予以一定程度的保护，但不希望扩大版权人在传统版权法中享有的权利，反而是通过对技术措施施加种种条件或限制以尽量缩小受保护的技术措施的范围，包括技术上及表现形式上的要求、目的方面、权利人的主观意愿等条件。

（二）禁止的规避行为及其法律后果

1. 《著作权法》对"准备行为"的禁止及法律责任

在日本《著作权法》第120条之二的规定中，有两种被禁止的"准备行为"。该条款规定：有下列行为之一的，处3年以下有期徒刑或者300万日元以下的罚金，或者两者并罚：（1）向公众转让、出租，以转让或者出租为目的生产、进口或者持有、供公众使用专门用来回避技术保护手段的装置（包括非常容易组装的零部件）或者专门用来回避技术保护手段的计算机程序复制品的人，或者将前述计算机程序复制品向公众传播或者传播可能化的人；（2）以应公众请求从事技术保护手段回避为业的人。其中，第（1）项是对提供规避技术措施的设备或计算机程序等规避工具的禁止；第（2）项是对提供规避技术措施的服务的禁止。显然，社会公众所为的、凡是在第（2）项所指称情形之外的规避行为，均不为著作权法所禁止。可见，仅禁止与规避行为有关的准备行为，并规定了相应的刑事责任；直接规避行为并不在禁止之列。原因在于，日本立法者充分意识到禁止直接规避行为在合理使用方面将给公众利益带来严

重的负面影响，从而有意网开一面。❶

同时，值得注意的是，上述条款仅涉及保护权利的技术措施，而未涉及控制接触的技术措施，其原因可能与日本《著作权法》第2条第1款第（20）项对"技术措施"的界定有关。正如日本多媒体版权办公室在1999年的一份报告中指出的那样，"限制对作品的视听，如对广播节目进行加密，不是技术措施，因为单独的视听并非是著作权法意义上的行为"❷。这表明，日本《著作权法》所保护的是针对著作权及邻接权各权项所对应的行为而设的技术措施，其对技术措施的保护范围和保护尺度与 WCT 及 WPPT 在本质上是一致的。

2.《反不正当竞争法》对技术措施规避行为的禁止

日本《著作权法》对保护权利的技术措施的相关内容作了规定，而与控制接触的技术措施有关的规定则体现于日本的《反不正当竞争法》中。❸ 该法第2条第1款第（x）（xi）项涉及对控制接触的技术措施的规避行为的禁止。❹ 根据《反不正当竞争法》第2（1）（11）（xi）的规定，基于转让、交付、进口或出口等目的而展示设备的，若该设备的唯一功能在于妨碍技术措施发挥作用，则该

---

❶ Guibault, Lucie. The Nature and Scope of Limitations and Exceptions to Copyright and Neighbouring Rights with Regard to General Interest Missions for the Transmission of Knowledge: Prospects for Their Adaptation to the Digital Environment. Copyright Bulletin, 2003, 40: 30. 转引自孙雷. 邻接权研究 [M]. 北京: 中国民主法制出版社, 2009: 244.

❷ Takao Koshida. On the law to partially amend the copyright law (part 1) ——technological advances and new steps in copyright protection, 1999 [EB/OL]. http: //www. cric. or. jp/cric_ e/cuj/cuj. html, 2011 – 03 – 18.

❸ 日本《反不正当竞争法》(1993 年第 47 号法律) 第 2 条第 1 款第 (x) (xi) 项。

❹ 值得注意的是，由于日本《反不正当竞争法》第 2 条第 1 款第 (x) 和 (xi) 项表达的内容较为广泛，并非专门针对控制接触的技术措施的规定，所以同时将部分权利保护的技术措施也包括在内了。

行为构成不正当竞争。❶

　　值得注意的是，日本《反不正当竞争法》未对一般公众实施的规避行为予以规定或禁止。若一般公众规避了控制接触的技术措施，将不会受到《反不正当竞争法》的制裁。另外，《反不正当竞争法》第 2 条第 1 款第（x）项中的表述为"唯一功能"，而《著作权法》第 120 条之二第（1）项中却是"专门用来"，二者对相关设备予以规范的具体范围是不一致的，在司法适用时可能会导致某些问题。

　　（三）关于"为个人使用而复制"的性质

　　日本《著作权法》第 30 条第 1 款第（2）项的规定为："为了在个人、家庭或者其他类似的有限范围内使用（以下称为私人目的），除下列情形外，使用者可以复制作为著作权客体的作品。……（2）可能避开技术保护措施，并且明知避开的结果会使用该技术保护措施无法发挥阻止控制的行为而进行的复制。"❷

　　上述条款包括两层含义：其一，一般情况下，基于个人使用目的的复制行为是合法的。所谓"为个人使用而复制"，是指在个人或家庭以及相当于家庭的范围内对作为著作权标的的作品而为的复

---

　　❶　根据日本《著作权法》第 30 条的规定，"为私人目的的复制"构成对著作权的限制。不过，该条第 1 款规定了"为私人目的的复制"的例外情形。该条第 1 款规定：为了在个人、家庭或者其他类似的有限范围内使用（以下称为私人目的），除以下情形外，使用者可以复制作为著作权客体的作品：（1）使用供公众使用而设置的自动复制机器（指具有复制功能且其装置的全部或者主要部分已经自动化了的机器）进行复制；（2）可能避开技术保护措施，并且明知避开的结果会使该技术保护措施无法发挥阻止控制的行为而进行的复制。

　　十二国著作权法［M］.《十二国著作权法》翻译组，译. 北京：清华大学出版社，2011：376.

　　❷　值得注意的是，日本《著作权法》第 30 条第 1 款关于"为个人使用而复制"的规定被立法者置于"著作权的限制"之下，表明其将该规定视为对著作权的权利限制，而不像其他国家将反规避条款作为独立章节或者独立条文。

制。其二，在明知技术措施被规避后将"使复制变为可能或者结果如同不发生妨碍那样"的情况下，为实现个人使用目的的复制所为的规避行为，将不被视为合法行为。然而，对于后一种情形，即为个人使用目的的复制在"明知"心态下所为的规避行为，虽未被认定为合法行为，但《著作权法》未规定任何直接的法律责任，不论民事或刑事责任。

（四）小结

总体而言，日本《著作权法》为技术措施所提供的保护范围不算广泛，保护程度比较适中。对于技术措施保护的适用条件和适用范围，《著作权法》均有严格限制，主要体现在以下四个方面：首先，在界定技术措施时，只有旨在防止或抑制对著作权等的侵害行为而设的技术措施，才可能是适格的技术措施；其次，严格说来，《著作权法》所禁止的规避行为仅限于直接规避行为之前的"准备行为"，即对规避设备或工具的交易以及规避服务的提供，而不包括直接规避行为❶；再次，即使是在《著作权法》关于禁止规避技术措施的几个有限的条款中，所指称的"技术措施"均仅限于保护权利的技术措施，而不包括控制接触的技术措施；最后，在对准备行为予以禁止时，仅以"主要功能是用于规避技术措施的设备或者计算机程序"为禁止对象。❷另外，在日本的立法中，无论是控制接

---

❶ 根据日本《著作权法》第120条之二的规定，除了对规避设备或计算机程序等规避工具的交易等行为予以禁止外，对其他规避行为的禁止仅限于"以应公众的要求而为规避行为为经营"的情形，其实质是对提供规避服务的禁止。因此一般认为，日本《著作权法》对直接规避行为并不予以禁止。陈锦全．日本著作权法关于技术保护措施之修正（下）［J］．智慧财产权杂志，2000：27.

❷ 部分台湾地区学者也持类似观点。章忠信．著作权法制中"科技保护措施"与"权利管理资讯"之探讨（上）［J］．万国法律，2000，（113）：45；许富雄．数位时代合理使用之再探讨——以反规避条款为中心（硕士）［D］．台北：中原大学，2004：177～185.

触的技术措施还是保护权利的技术措施，法律仅禁止商业性的和公开性的提供规避设备或者规避服务的行为；为私人目的而私下进行的相关行为则不在打击范围之内。特别值得注意的是，日本并未将对技术措施的破坏行为本身规定为违法。

五、中国的技术措施制度

我国在 2001 年修改著作权法时增加了对技术措施的保护等规定，并于 2006 年 5 月 18 日颁布了《信息网络传播权保护条例》，后又于 2010 年 2 月再次修改著作权法。

（一）《著作权法》的相关规定

根据《著作权法》第 48 条的规定，"未经著作权人或者与著作权有关的权利人许可，故意避开或者破坏权利人为其作品、录音录像制品等采取的保护著作权或者与著作权有关的权利的技术措施的"，视情节承担民事、行政乃至刑事责任。这一规定仅仅明确涉及对保护权利的技术措施——保护著作权和邻接权等各权项的技术措施——的保护，而控制接触的技术措施以及与著作权、邻接权各权项无直接关联的技术措施并不符合规定的技术措施的保护范围。另外，值得注意的是，在规避技术措施的侵权行为的构成要件中，我国著作权法强调行为人的主观心态须为"故意"这一要件。

（二）《信息网络传播权保护条例》的相关规定

国务院于 2006 年 5 月 18 日颁布、2013 年 1 月修改的《信息网络传播权保护条例》（本节中简称为《条例》），其第 26 条将"技术措施"定义为"用于防止、限制未经权利人许可浏览、欣赏作品、表演、录音录像制品的或者通过信息网络向公众提供作品、表演、录音录像制品的有效技术、装置或者部件"。其中，浏览、欣赏属于对作品或其他客体进行访问或接触的情形，而"向公众提供"是作者等著作权人行使信息网络传播权以及使用作品的行为。可见，该条例所保护的技术措施包括控制访问的技术措施和控制使用的技术措施两种。

《条例》第 4 条列举了三种被禁止的规避技术措施的行为：（1）不得故意避开或破坏技术措施；（2）不得故意制造、进口或向公众提供主要用于避开或破坏技术措施的装置或部件；（3）不得故意为他人避开或者破坏技术措施提供技术服务。可见，该条例既禁止直接规避行为，也禁止准备行为，即相关规避设备和规避服务的制造、进口或提供。《条例》第 18 ~ 19 条还规定了实施规避行为者的法律责任。

《条例》第 12 条还规定了四种例外情形：（1）为学校课堂教学或者科学研究，通过信息网络向少数教学、科研人员提供已经发表的作品、表演、录音录像制品，而该作品、表演、录音录像制品只能通过信息网络获取；（2）不以营利为目的，通过信息网络以盲人能够感知的独特方式向盲人提供已经发表的文字作品，而该作品只能通过信息网络获取；（3）国家机关依照行政、司法程序执行公务；（4）在信息网络上对计算机及其系统或者网络的安全性能进行测试。

与《著作权法》相比，《条例》对技术措施保护方面的规定进行了补充和完善，从而将对技术措施的保护扩大到了相关设备与服务的交易或提供这一层面。有学者认为，《条例》仅仅适用于网络环境下的技术措施保护，有一定的局限性，"建议立法者适时酌情将这种保护拓展至非网络空间"❶。

---

❶ 孙雷. 邻接权研究［M］. 北京：中国民主法制出版社，2009：245.

（三）《计算机软件保护条例》的相关规定

我国 2001 年 12 月 20 日颁布、2002 年 1 月 1 日起实施的《计算机软件保护条例》为计算机软件提供了技术措施的保护。根据该条例第 24 条第 3 款的规定，故意避开或破坏著作权人为保护其软件著作权而采取的技术措施的，属于侵犯软件著作权的行为。该条例未涉及软件反向工程的性质问题，因此，软件反向工程行为是否属于侵犯软件著作权的行为，抑或构成技术措施保护的例外，语焉不详。这导致司法实务中在处理相关案件时，一般仅承认对计算机软件的著作权保护，包括对相关技术措施的保护，而不承认为实施反向工程而规避技术措施的行为的合法性。❶ 笔者认为，这是我国立法中的一个重大疏漏。

（四）《最高人民法院关于审理涉及计算机网络著作权纠纷案件适用法律若干问题的解释》❷ 的相关规定

《审理计算机网络著作权纠纷的解释》第 6 条规定："网络服务提供者明知专门用于故意避开或者破坏他人著作权技术保护措施的方法、设备或者材料，而上载、传播、提供的，人民法院应当根据当事人的诉讼请求和具体案情，依照著作权法第四十七条第（六）项的规定，追究网络服务提供者的民事侵权责任。"可见，该司法解释禁止规避保护著作权的技术措施且禁止提供相关规避工具或规避服务，但责任主体仅限于网络服务提供者。

在司法实践中，我国审理了几起与技术措施有关的案件，包括：

---

❶　比如，有学者如此评论我国的有关司法实践："为了避免自由裁量所带来的误判风险，法院通常都会选择技术保护措施，而避开反向工程。"黄武双，李进付. 再评北京精雕诉上海奈凯计算机软件侵权案——兼论软件技术保护措施与反向工程的合理纬度 [J]. 电子知识产权，2007，（10）：62.

❷　以下简称《审理计算机网络著作权纠纷的解释》。

北京精雕科技有限公司诉上海奈凯公司著作权侵权纠纷案❶，武汉适普软件有限公司诉武汉地大空间信息有限公司侵犯计算机软件著作权纠纷案❷和文泰刻绘软件著作权案❸，等等。

六、小 结

将美国、欧盟、澳大利亚和日本的技术措施制度与我国进行对比，不难发现，我国的技术措施制度明显存在着若干缺陷和问题：（1）立法体系比较混乱，缺乏体系化安排；（2）立法比较粗糙，内容不完备❹；（3）立法水平不高，立法质量有待提升。总体而言，我国立法对技术措施的相关规定过于原则、宽泛，需要进一步深入并细化相关规则。而且，我国现有立法过于强调对版权人和相关权利人利益的维护，相对忽略了社会公众的利益和需求。比如，立法中没有预防和惩罚技术措施滥用行为的一般性条款，也没有规定反向工程等重要的例外情形，显得保护有余、限制不足。笔者认为，我国必须大力加强并完善对技术措施的限制和保护例外等重要规则，以缓解急需缓解的版权人私益与社会公众利益之间的不平衡状况。

---

❶ 详见上海市第一中级人民法院民事判决书（2006）沪一中民五（知）初第 134 号和上海市高级人民法院民事判决书（2006）沪高民三（知）终字第 110 号。

❷ 详细案情可参见：陈嘉欣. 评武汉适普软件有限公司诉武汉地大空间信息有限公司侵犯计算机软件著作权纠纷案——对比北京精雕科技有限公司诉上海奈凯电子科技有限公司著作权侵权纠纷案浅论技术措施的构成要件 [J]. 中国商界，2010，(202)：164.

❸ 详细案情可参见深圳市龙岗区人民法院民事判决书（2009）深龙法民初字第 4153 号。

❹ 徐聪颖. 浅析技术措施的合理规避——兼评我国《信息网络传播权保护条例》的相关规定 [J]. 前沿，2007，(7)：138～141.

第四节　ACTA 协议*对技术措施的规定

继 WCT 和 WPPT 之后，2010 年形成的 ACTA 协议是另一个对技术措施保护作出明确规定的国际法律文件。从目前来看，ACTA 协议在法律效力和国际影响力方面均尚不如 WCT 和 WPPT，我国也并未加入该协议。尽管如此，我们仍然有必要对该协议中关于技术措施的内容给予高度关注，其毕竟在一定程度上反映了近年来国际社会对技术措施版权保护的最新动态和发展趋势。

ACTA 协议的目的在于建立一套独立于 WIPO 和 WTO、打击假冒或盗版的新的知识产权执法体系，加强国家间合作，"为知识产权执法提供有效和充分的手段，作为 TRIPs 协议的补充"❶；帮助各国政府在打击假冒盗版方面加强合作，强调合法贸易和世界经济可持续发展。为实现上述目标，ACTA 协议对各缔约国为技术措施提供版权保护的义务作了较为详尽的规定。

首先，ACTA 协议规定了"技术措施"的定义，该定义延续了 WCT 和 WPPT 的精神。ACTA 协议中的"技术措施"是指：任何一种技术、装置或部件，在其正常运行过程中可用来阻止或者限制那些针对作品、表演、录音制品所实施的未经作者、表演者或者录音

---

　　*　即《反假冒贸易协议》（*Anti-Counterfeiting Trade Agreement*，以下简称 ACTA）。经日本在 2005 年 G8 高峰会议上倡议，2006～2007 年美国、日本、欧盟、加拿大、瑞士等发达国家和地区开始进行《反假冒贸易协议》的初步谈判。2008 年 6 月起，澳大利亚、墨西哥、摩洛哥、新西兰、韩国、新加坡加入谈判。2010 年 10 月东京谈判后，该协议形成最后文本。

　　❶　见 ACTA 协议的"序言"。

制品制作者授权的行为。❶

其次，与 WCT 和 WPPT 就"何为技术措施的有效性"问题语焉不详的态度形成鲜明对比的是，ACTA 协议还对"有效性"作了明确阐释，即"如果作者、表演者或者录音制品制作者通过应用那些可以达到保护目标的访问控制（access control）或者保护方法（protection process），如加密或者加扰以及控制复制的机制，可以控制对受保护的作品、表演或者录音制品的使用的，这种技术措施就应被视为是有效的"。❷

再次，ACTA 协议第 27 条第 5 款规定，要求各缔约国为制止规避有效技术措施提供"充分的法律保护和有效的法律救济"。该协议第 27 条第 6 款则明确规定：这种保护至少能够制止下列行为：（1）故意或者应知是所采取的有效技术措施，未经授权却进行规避；（2）通过销售一个装置或者产品（包括计算机程序）或者提供一种服务，向公众提供一种规避有效技术措施的手段；（3）主要为了规避有效技术措施的目的而设计和生产，或者除了为规避有效技术措施之外仅具有有限的明显商业性目的（limited commercially significant purpose），制造、进口或销售一种装置或产品（包括计算机程序）或者提供一种服务。

---

❶　ACTA 注释 14：For the purpose of this Article, technological measures means any technology, device, or component that, in the normal course of its operation, is designed to prevent or restrict acts, in respect of works, performances, or phonograms, which are not authorized by authors, performers or producers of phonograms, as provided for by a Party's law.

❷　ACTA 注释 14：Without prejudice to the scope of copyright or related rights contained in a Party's law, technological measures shall be deemed effective where the use of protected works, performances, or phonograms is controlled by authors, performers or producers of phonograms through the application of a relevant access control or protection process, such as encryption or scrambling, or a copy control mechanism, which achieves the objective of protection.

最后，ACTA 协议在要求各缔约方为技术措施提供"充分保护和有效救济"的同时，也允许各缔约方"采取或者维持适当的限制和例外"。

由上可见，ACTA 协议要求各缔约国所制止的行为，可归纳为以下三种：故意规避技术措施，向公众提供规避技术措施的工具或服务，主要为了规避技术措施的目的而制造、进口、销售产品或提供服务。与 WCT 和 WPPT 相比，ACTA 协议对各缔约国在技术措施的保护方面提出了更高的要求。

第四章　技术措施制度中的理论分歧与评析

第一节　技术措施的法律性质

虽然为技术措施提供保护的相关内容已被纳入国际版权法的制度框架，也相继进入了各主要国家的版权法，但对于技术措施的法律性质这一问题，学界尚存在不小的争议。

技术措施仅仅是一种技术手段，抑或某项权利的客体？若是某项权利的客体，那么涉及的是一个全新的版权权利，抑或版权派生的权利，或者说是在版权之上再加一个"盾牌"？技术措施是独立存在的，抑或仅仅是一种工具，依附于其他物？版权法保护的是纯粹的技术措施，还是应用于版权作品之上的技术措施，还是其所作用的版权作品及其版权？

对于上述问题，我们必须予以认真研究并作出回答。因为技术措施的法律性质是一个非常重要的问题，它直接决定着技术措施保护制度在版权法律体系中的地位和正确定位、技术措施的保护条件、相关法律责任的追究等一系列问题的最终解决。

值得注意的是，由于国际条约和各主要国家的版权法对技术措施的相关立法存在着或大或小的差异，作为既定事实的立法必将直接影响到对技术措施性质的理解与解释，因为"立场决定观点"。在此，笔者试图在梳理各家主要观点的基础上，本着对技术措施保护予以正确定位的立场，提出个人的见解。

一、技术措施反规避保护是否创设了新的权利

（一）学术界的主要观点

对于这一问题，学者们的意见大致可以分为两类：一类是认为对技术措施的保护体现了版权人一项新的权利的创设，但具体定性方面有不同意见；另一类是认为并未创设新的权利，技术措施只不过是版权人借以维护自身版权的一种工具，采取技术措施的行为的性质属于私力救济。

1. 技术措施是版权法保护的新客体

有学者认为，技术措施是受版权法保护的权利客体。[❶] 因此，版权人对技术措施享有某种独立的民事权利。至于该权利的具体名称，有的认为是"技术措施权"，有的认为是版权中的经济权利，有的认为是一种特别权利，有的认为是一种禁止权利，还有的认为应当构建一种所谓的"接触权"。

（1）"技术措施权"说。

有学者认为，版权法对技术措施的保护创设了版权人的一项新权利——"技术措施权"，"技术措施权已经成为著作权人一种法定的权利"，其实质是借用有形财产权的方法保护无形财产。[❷] 该观点

---

❶ 张玉瑞. 互联网上知识产权——诉讼与法律 [M]. 北京：人民法院出版社，2000：144～176；刘芳. 关于技术措施法律保护的若干思考 [J]. 北京化工大学学报：社会科学版，2007，（1）：8.

❷ 李扬. 简论技术措施和著作权的关系 [J]. 电子知识产权，2003，（9）：3.

认为"技术措施权"与版权人的发表权、使用权等属于同一层面上的权利。

(2)"版权中的经济权利"说。

有学者认为,"技术措施创设了一种新型权利"❶,属于版权中的经济权利。❷

(3)"特殊权利"说。

有学者认为,技术措施的反规避保护实际上赋予了版权人新的权利,其性质是一种类似于数据库的特殊权利。❸

(4)"禁止权利"说。

有学者认为,技术措施应该是一种禁止权利,这种权利与著作权有密切关系,但绝对不应当属于著作权中的一项权利,除非技术措施本身就是软件作品。❹

(5)"接触权"说。

还有学者认为,基于技术措施已成为网络时代著作权法不可或缺的重要组成部分,应当以技术措施为基点构建作品接触控制的"接触权",从而完善著作财产权的体系。❺

2. 技术措施属于私力救济措施

与上述几种观点相对立的是,也有不少学者经研究后认为,技

---

❶ 梁志文. 技术措施界定:比较与评价 [J]. 贵州师范大学学报:社会科学版,2003,(1):43.

❷ 梁志文. 技术措施的版权保护 [N]. 人民法院报,2002 - 06 - 23 (3).

❸ 金玲. 反规避技术措施立法研究 [A]. 唐广良. 知识产权研究(第九卷)[C]. 北京:中国方正出版社,2000.

❹ 郭禾. 规避技术措施行为的法律属性辨析 [A]. 沈仁干. 数字技术与著作权——观念、规范与实例 [C]. 北京:法律出版社,2004:45~60.

❺ 熊琦. 论"接触权"——著作财产权类型化的不足与克服 [J]. 法律科学,2008,(5):88~94.

术措施的反规避保护并未创设一项新的权利，技术措施不是版权法保护的新客体；技术措施只是一种私力救济措施，并非使用者的一种法定权利❶；相对于所欲保护的著作权，技术措施应属可分离之状态，但不因此产生一项新的权利。❷

　　例如，著名的美国网络法学家劳伦斯·莱斯格就认为，技术措施是一种"代码"，"在网络空间中，代码能够取代法律成为保护知识产权的主要武器，而且，它的作用越来越大。这是一种私人的防护，而非国家法律的保护"❸；郭禾先生指出，"当我们把技术措施理解为一种'方案'时，技术措施在物理上已经不可能被侵犯。这种无体的'方案'除了作为技术秘密享有事实上的保护外，要想获得法定权利就只有一种途径，即申请专利。所以《著作权法》中不应当存在所谓'技术措施权'"❹；学者谢英士认为，"所谓技术保护措施，其独立存在之模式，使其不具有与著作权等同之'权利'性质"❺；学者张晓秦认为，"技术措施除本身就构成软件程序的以外，不是版权的保护客体，也不会产生技术措施权。它仅仅是版权保护的手段"，"作为一种事前保护，技术措施实际上是一种私力救济，

---

　　❶　姚鹤徽，王太平．著作权技术保护措施之批判、反思与正确定位［J］．知识产权，2009，(6)：20～26；谢英士．谁取走我的奶酪？——从公法的视角谈著作权法上的技术保护措施［A］．张平．网络法律评论（第9卷）［C］．北京：法律出版社，2008：140～151；邵忠银．技术措施及其规避与私力救济［J］．广西青年干部学院学报，2007，(5)：59～61；李士林．论技术措施之性质［J］．福建政法管理干部学院学报，2005，(3)：48～51；黄梓洋，黄啸．论版权的技术措施保护［J］．长沙大学学报，2010，(4)：51～53．

　　❷　王石杰．著作权法合理使用的本质——从法律经济分析观点与传统案例解读［J］．台湾中原财经法学，2006，(6)：43．

　　❸　［美］劳伦斯·莱斯格．代码［M］．李旭，译．北京：中信出版社，2004：156．

　　❹　郭禾．规避技术措施行为的法律属性辩析［J］．电子知识产权，2004，(10)：17．

　　❺　谢英士．谁取走我的奶酪？——从公法的视角谈著作权法上的技术保护措施［A］．张平．网络法律评论（第9卷）［C］．北京：法律出版社，2008：140～151．

是权利人有效维护自身权利而无需诉诸法律的一种自我保护方法，是预防侵权行为的预警系统"❶。

（二）笔者的观点

1. 技术措施反规避保护并未创设新的权利

笔者认为，虽然现代版权法为技术措施提供了反规避的保护，但并不意味着创设了一项新的权利。原因在于：其一，从技术措施的服务对象和使用目的来看，技术措施是一种技术方案，对技术措施的保护完全是出于维护版权的迫切需要，是为保护版权而服务的。其二，也是更为重要的一点，技术措施并非单独使用的，而是与被保护的版权作品密不可分甚至融为一体的，技术措施一般不具备单独成为一项权利客体的资格。而且，从前文揭示的"技术措施"的内涵和特点来看，技术措施本身既不是一项智力劳动成果，也不是某种商业标识或者符号，甚至不具备一般意义上的独创性。从本质上看，版权法对技术措施的保护毕竟完全不同于对数据库或者作品提供的保护。正如有学者指出的那样，"这种技术方案，除了以物质方式体现的技术措施，可以按照物权处理其包含的权利外（但是这种权利是其物质性体现出来的，不是其技术性体现出来的），很难说本身是一种权利。这种技术措施不过是使用人对自身权利的一种救济，把其武断地界定为一种权利是丝毫没有道理的，而且延及到禁止合理使用，更显得荒谬"❷。

部分学者认为技术措施的保护导致了一项新权利的产生，究其原因，可能是部分国家的版权法将对技术措施的保护摆在过于突出、

---

❶　张晓秦. 论信息化时代著作权的演进与法律保护 [D]. 北京：对外经济贸易大学，2007：58.

❷　李士林. 论技术措施之性质 [J]. 福建政法管理干部学院学报，2005，(3)：51.

绝对的位置上，或者在规避技术措施的行为、设备或服务等侵权行为的构成要件中，缺乏对侵犯版权这一终极目的或构成要件的强调，导致人们产生了一种错觉：技术措施完全可以脱离其服务的对象而单独成为反规避保护的对象。这种对技术措施保护的过于强调，使得原本仅仅是版权人私力救济手段的技术措施，在被纳入版权法后似乎变成了版权人的一项新的特权；甚至技术措施本身也成了版权人的一项财产。这是一个危险的信号和错觉，必须予以纠正！事实上，给人们造成上述错觉的立法是不符合国际条约的相关精神的。从 WCT 第 11 条的规定来看，要求制止的仅仅是破坏技术措施与作品的结合方式或者技术措施对作品的作用方式的行为，而非保护技术措施本身，因为在版权法意义上保护纯粹的技术措施是毫无意义的。❶

当前，虽然各主要国家在 WCT、WPPT 等国际条约的敦促下相继完成了对技术措施提供保护的相关立法，但由于时间仓促、司法实践经验不足等原因，在相关配套内容上，如相关侵权行为的构成要件、对技术措施的要求尤其是限制等方面，离完善和成熟还有一段不小的距离。而这些内容恰恰是我们需要密切关注、尽快予以矫正和完善的重点。

事实上，国外部分学者的表述也从侧面印证了笔者关于"技术措施不能构成一种新的版权法保护的客体"的观点。有学者认为："如果作品或者著作权法所保护的其他客体受到了技术措施的安全性保护，那么，按照《著作权法》第 95a 条的规定，法律还保护这种

---

❶ 这仅仅是就技术措施的一般情形而言的。当然，如果该技术措施本身表现为某种有体物，如设备、装置等，那么在民法上是财产权或物权的客体；但这是民法上的意义，不涉及版权法。只有当该技术措施本身是一个计算机程序时，才可能涉及版权法保护；或者，作为一项设备或装置的技术措施成功申请到专利后，会涉及知识产权保护。

技术措施不受他人恶意规避或者其他的准备性行为（这些行为的目的在于，在不征得权利人同意的情况下就可以接触到作品或者对作品进行使用）的破坏。"❶ 在被引用的这句话中，若将技术措施理解为著作权法所保护的客体之一，那么该表述在逻辑上就是有问题的。

早在 1998 年，技术措施就被美国学者戏称为"超版权"。美国国会也明确表态，认为 DMCA 中关于禁止规避技术措施等保护性规定"与版权法并无多少关系"❷。可见，对技术措施的反规避保护无非是一种附加性保护，而非其本身构成版权的权利内容或权能之一。

总之，无论是在立法界还是司法界，技术措施都不能构成、也不应当被定位于版权法所保护的一种新的客体。

2. 技术措施属于私力救济

笔者认为，技术措施是版权人采取的私力救济措施，它仅仅是一种手段或工具。

一般认为，对权利的救济有公力救济和私力救济两种。所谓公力救济，是指权利人凭借国家公共权力消除自身权利上的危害，以回复权利的完满状态。私力救济，又称自力救济，是指当事人认定权利遭受侵害时，在没有第三方以中立名义介入纠纷解决的前提下，不通过国家机关和法定程序，而依靠自身或私人力量，解决纠纷，实现权利。私力救济的特征包括：没有第三方以中立名义介入纠纷的解决；纠纷解决过程的非程序性；采取私力救济的渊源是当事人认定权利遭到了侵害；私力救济的目的是为了实现权利和解决纠纷；

---

❶ ［德］M·雷炳德. 著作权法（2004 年第 13 版）［M］. 张恩民，译. 北京：法律出版社，2005：575.

❷ Report of the House Committee on Commerce (1998)［R］. H. R. Rep. No. 105～551，2.

私力救济的途径是依靠私人力量。❶ 公力救济与私力救济区分的关键在于是否有中立的第三方权力介入纠纷的解决。可以说，私力救济是一种私人依靠自己的力量实施的社会控制模式。

与公力救济相比，私力救济有其自身的优势，其中最突出的是经济、快捷和自由。"经济"是指成本上更节约，"快捷"是指时间上更及时，"自由"是指救济行为的实施和纠纷的解决可以依从救济者自己的意志，而不受制于他人。但另一方面，由于私力救济是自发性的，在救济手段、限度等方面的判断权直接赋予了私人而非中立的第三方，难免带有一定的主观性、倾向性和随意性，可能有一定的消极影响，如对公平、正义等价值的损害。因此，在现代文明社会，法律往往对私力救济行为有非常严格的要求和限制。

当今数字时代，版权人对无所不在的网络侵权行为倍感头疼。在公力救济无法企及时，本能的反应就是寻求私力救济。而技术措施正是版权人主动采取的、借以控制访问或使用作品的行为并对版权进行有效保护的利器。从中立的角度看，技术措施是版权人的私力救济行为。然而，是否构成法律意义上"正当"的私力救济，则要取决于该技术措施的具体目的、方式、手段和尺度，需要具体分析。毕竟，并非所有技术措施都是友善、合法、正当的，有的可能构成权利滥用、侵权甚至犯罪。正因如此，我们才更需要对技术措施始终抱有谨慎之心，在立法上严格确定技术措施的合法、合理界限和保护条件，并对其予以充分的限制。

二、技术措施是独立的抑或一种工具

技术措施是独立存在的，抑或仅仅是一种工具呢？对于这一问

❶ 徐昕. 论私力救济［M］. 北京：中国政法大学出版社，2005：102～117.

题，如果不研究不同法律制度所采取的解决方案，不同解释将导致不同的保护范围。❶ 有学者指出，技术措施本身是"不受版权法保护的，也不是一项权利客体"，"只有用于控制版权作品的技术措施才是版权法下的保护对象，即技术措施不是独立的，它往往和版权作品结合起来，以便对作品的使用、接触需要'版权人许可'或'授权'"❷。笔者对此观点持赞同态度。

技术措施的诞生及使命均是为版权或邻接权保护服务的。技术措施"具有特定的目的连结，乃专以该著作权之保护为目的，不具其他效力"❸。况且，从实际运用的过程来看，技术措施不可能是独立存在的，而是与保护对象相结合以发挥作用的。在很多情况下，技术措施甚至与其保护对象融为一体、难以从物理上分开。正如有学者所言，"《著作权法》意义上的技术措施一定是以保护著作权为目的，在作品载体或者相关有体物上所施加的技术措施。即有效的技术措施一定直接施加于某种有体物上，而未必直接施加于作品之上。事实上作品的无体性已经决定了技术措施不可能施加于脱离载体的作品。技术措施的直接实施对象只能是有体的载体"❹。

三、反规避条款保护的是否是技术措施本身

版权法保护的是纯粹的技术措施，还是应用于版权作品之上的

---

❶ Sirinelli, Pierre. The scope of the prohibition on circumvention of technological measures: exceptions [EB/OL]. http: //www. law. Columbia. edu/law conference 2001. htm, 2011 – 10 – 29.

❷ 梁志文. 技术措施界定：比较与评价 [J]. 贵州师范大学学报：社会科学版，2003，(1)：44.

❸ 谢英士. 谁取走我的奶酪？——从公法的视角谈著作权法上的技术保护措施 [A]. 张平. 网络法律评论（第9卷）[C]. 北京：法律出版社，2008：140～151.

❹ 郭禾. 规避技术措施行为的法律属性辩析 [J]. 电子知识产权，2004，(10)：13.

技术措施，还是其所作用的版权作品及其版权？笔者认为，现有国际条约和相关国内法保护的并非技术措施本身，其所禁止的仅仅是破坏技术措施与作品的结合方式，或者技术措施对作品的作用方式的行为。除非技术措施本身构成版权法意义上的作品或者表现为物质形态的设备或装置❶，否则，完全脱离版权保护或者脱离被保护的版权作品来谈论技术措施的保护问题，是不符合技术措施反规避保护立法的初衷和目的的。

四、技术措施与被保护的版权之间的关系

除上述三个问题外，还有一个与技术措施的性质、特征密切相关的问题，即技术措施与其被保护的版权之间的关系。

（1）如前所述，技术措施的根本功能在于为版权保护服务。技术措施是版权人主动采用的用于保护自身版权的私力救济手段。

（2）一般而言，技术措施与被保护的版权是不可分离的，技术措施的使用目的决定了其不具有独立存在的价值或意义；尽管某些技术措施本身具有一定的独立形态，如表现为一项计算机软件或者设备。

（3）无论如何，对技术措施提供的保护不应超过传统版权法对版权的保护范围及强度。笔者认为，这是我们在进行立法设计和司法适用时应始终坚持的一个根本原则。正如学者所言，技术措施"具有特定的目的连结，乃专以该著作权之保护为目的，不具其他效力；从而，任何技术保护措施不应具有比保护该著作权更广的效力；

---

❶ 若技术措施构成版权法意义上的作品，如计算机软件，就可能涉及版权保护问题；若技术措施表现为物质形态的设备或装置，就可能涉及财产权或物权保护问题。

有关该技术保护措施之保护也不应该超过或大于其所保护的著作权"❶。

五、小　结

从目前来看，技术措施反规避保护在版权法体系中所处的状态，正如中国台湾地区学者沈宗伦所言，"由于科技保护措施之相关保护规定本身在著作权法体系下的定位不明，且由规范内容观之，似著作权人得就未经允许之科技保护措施规避行为，寻求与传统著作权侵害相类似之法律救济，但却无须受限于传统著作权法保护适格与适用限制之相关规定，无形中使得科技保护措施相关规定成为著作权法体系下之'巨怪'，进而传统著作权法对于著作权人与著作使用者间所建立之法益平衡，即有崩解之虞"❷。该"巨怪"所表现出的上述属性，被称为"准著作财产权性"❸。笔者认为，这正是对目前技术措施制度所处的尴尬境地的生动描述。

事实上，从前文的历史回顾来看，技术措施保护问题被仓促纳入 WCT 和 WPPT 两个国际条约，是新技术发展所催生的国际协调。❹

---

❶　谢英士．谁取走我的奶酪？——从公法的视角谈著作权法上的技术保护措施 [A]．张平．网络法律评论（第9卷）[C]．北京：法律出版社，2008：140~151.

❷　沈宗伦．论科技保护措施之保护于著作权法下之定性及其合理解释适用：以检讨我国著作权法第80条之2为中心 [J]．台大法学论丛，2009，（2）：293.

❸　沈宗伦．论科技保护措施之保护于著作权法下之定性及其合理解释适用：以检讨我国著作权法第80条之2为中心 [J]．台大法学论丛，2009，（2）：293.

❹　学者李琛在《论知识产权法的体系化》一书中指出，"新技术带来的问题迫切地需要答复，会加快国际协调的步伐。解答的迫切性容不得深思熟虑，导致一些纯粹出于利益较量的非理性方案迅速影响各国立法，并终结了合理性的探讨"。技术措施就是一个典型的例子。"面对日益严重的侵权行为，著作权人开始采用技术措施保护作品，为了制止破坏技术措施的行为"，在两个著作权条约中写入了技术措施的保护条款，"并因此影响到越来越多的国内立法"。李琛．论知识产权法的体系化 [M]．北京：北京大学出版社，2005：96.

这一仓促的变化导致我们来不及深究技术措施的本质及法律性质问题，却陷入了用法条规定去直接替代法理分析的沼泽。笔者认为，这是一种错误而且非常危险的进路。在应然状态下，技术措施保护的相关规定应当接受传统版权法关于保护条件、适用限制等方面的检验，以缓和其"准著作财产权性"，回复其作为一种维权手段的本来面目，从而重建版权法的利益平衡，使该制度自然地融入传统版权法的体系，并与合理使用等制度和谐共处。

第二节　规避技术措施行为的法律性质

规避技术措施行为的法律性质如何，属于侵权行为吗？是否构成对被保护作品版权的侵犯？是否可能构成私力救济或者合理使用？规避技术措施行为与针对其所保护的作品实施的复制等侵权行为是两种不同的侵权行为形态吗？单纯的规避技术措施行为能否构成一种独立的版权侵权形态？这些问题的意义和重要性在于，它们直接关系到相关法律责任的构成与追究、版权法体系内部的协调等实践问题和理论问题，值得我们深思。

一、规避技术措施行为的界定

一般认为，规避技术措施行为是指避免、绕开、清除、破坏、破解技术措施的行为。有学者将其界定为"利用特殊技术或工具解除、回避、移除、破坏技术措施，而达到原来无技术措施防护作品侵害的状态"❶。根据我国《著作权法》第 48 条第 6 项的规定，规

---

❶ Ricketson, Sam & Ginsburg, Jane C. International copyright and neighbouring rights——the Berne Convention and beyond［M］. 2006. § 15. 17.

避技术措施的行为是指"未经著作权人或者与著作权有关的权利人许可，故意避开或者破坏权利人为其作品、录音录像制品等采取的保护著作权或者与著作权有关的权利的技术措施"的行为。可见，该规定仅列举了"避开"和"破坏"两种具体的规避方式，并强调了规避者"故意"的主观心态。

在实际生活中，规避行为（circumvention）的具体方式比较多样，可能以破解密码或注册码、野蛮破解（brute-force attack）❶、中途截取解密内容、黑客关闭系统（hacking closed systems）❷、盗版外挂（pirated plug-ins）等方法以避开、绕过、移除技术措施所设置的障碍。

在理论上，规避行为可以分为"直接规避行为"和"准备行为"两类。直接规避行为是指行为人自己直接实施规避行为；准备行为则是指行为人并未亲自实施直接的规避行为，而是通过销售、转让、出租、出借等方式为规避者提供规避技术、设备、装置或零件等，或者通过制造、输入等行为协助他人进行直接规避行为。准备行为基本可分为提供规避装置和提供规避服务两类，都属于直接规避行为的预备或帮助行为。

---

❶ 野蛮破解（brute-force attack）是指不使用密码学技术等专业知识，完全靠猜测密码的方法进行破解。该方式不需要任何特殊技巧或专业知识，完全靠蛮劲，但却是一种比较有效的解密方式。brute force attack［EB/OL］. http：//dictionary. reference. com/browse/brute% 20force% 20attack.

❷ 黑客关闭系统（Hacking Closed Systems）是一种通过假装关闭信赖装置的系统进而破解密码的行为。Kerr, Ian, Maurushat, Alana & Tacit, Chriatian S. Technical Protection Measures：Part I——Trends in Technical Protection Measures and Circumvention Technologies 2 (2002)［EB/OL］. http：//www. patrimoinecanadien. gc. ca/progs/ac-ca/progs/pda-cpb/pubs/protection/protection e. pdf, 2010 – 01 – 04.

二、规避技术措施行为的性质

（一）主要学术观点

部分学者认为，规避或破坏技术措施的行为属于侵犯著作权的行为之一。❶ 有人直接指出是侵犯著作财产权的行为❷，有人认为是一种广义的侵犯版权的行为，即"一种并非行使知识产权，但却可能损害知识产权的权利利益的情况"❸。也有学者持相反的意见，认为"规避或破解技术措施的行为不是直接侵犯著作权的行为，更不是一种侵犯著作财产权的行为"❹；"纵有回避该技术保护措施之实际，亦属得禁止之行为而已，并不一定构成侵权"❺。

（二）笔者的观点

为了深入理解规避技术措施行为的法律性质，我们不妨先来看一个经典例子。在谈到技术措施时，人们最常用的一个比喻是：技术措施好比一把锁，而作品是被锁住的某个财产。小偷要想偷得他人财产，必须先撬开锁或者采取爆破等方法破坏掉这个锁，就如同必须规避该技术措施才能接触或使用该被保护的作品一样。倘若小偷撬开锁后将财产据为己有，当然构成侵犯财产权或物权的行为，甚至可能构成犯罪。然而，倘若小偷仅仅撬开了锁而并未拿走该财

---

❶ 费安玲. 知识产权法教程 ［M］. 北京：知识产权出版社，2003：110～111；刘春田. 知识产权法（第二版）［M］. 北京：高等教育出版社，北京大学出版社，2003：129～130.

❷ 黄勤南. 新编知识产权法教程 ［M］. 北京：法律出版社，2003：125～127.

❸ 张新宝. 互联网上的侵权问题研究 ［M］. 北京：中国人民大学出版社，2003：360～361.

❹ 郭禾. 规避技术措施行为的法律属性辩析 ［J］. 电子知识产权，2004，（10）：16.

❺ 谢英士. 谁取走我的奶酪？——从公法的视角谈著作权法上的技术保护措施 ［A］. 张平. 网络法律评论（第9卷）［C］. 北京：法律出版社，2008：140～151.

产，那么其撬锁行为似乎不能简单地定性。❶ 回到技术措施的规避问题上来：假设规避者在规避技术措施之后，未经版权人许可接触或使用了被保护的版权作品，如前所述，当然构成侵犯版权的行为；但假设规避者仅仅规避了技术措施，并无后续的行为，其行为又当如何定性呢？也许这一比喻并不十分恰当，但两者之间的确具有一定的可比性。

笔者认为，规避技术措施的行为既可能构成侵权行为甚至犯罪行为，也可能不构成侵权行为。影响该行为定性的关键因素有许多，包括但不限于：被规避的技术措施的具体形态、规避者的主观心态、规避的目的、具体方式以及结果。

1. 可能构成侵权行为

（1）侵犯版权。

从国际条约和相关国家国内法对技术措施反规避保护的相关规定看，似乎很容易推断出客观的规避行为即构成对其保护的版权作品的侵犯的结论，但笔者持保留意见。笔者认为，规避行为并不一定构成侵权行为，而是必须结合行为人的主观心理状态、规避行为的整个过程和具体方式等因素进行具体分析。

严格说来，只有在一种情况下，规避技术措施的行为才构成对其所保护的作品的版权的侵犯，即行为人专门出于侵犯版权的目的而规避或破坏技术措施，并且在规避技术措施后实施了传统版权法规定的侵犯版权的行为，如非法复制、篡改、更改作者的署名等。此时，由于行为人在主观上具有侵犯版权的故意，规避行为是手段行为和准备行为，侵犯版权是目的行为。两个前后相继的行为相结

---

❶　如果这个锁本身具有较高价值，而小偷又破坏了锁，才有对破坏锁的行为予以惩罚的必要和可能。

合，显然构成对版权的侵犯。此时，没有必要人为地将规避行为与复制行为割裂开来，甚至认为有两个不同的侵犯版权的行为。"为侵犯著作权而规避技术措施的行为可以被侵犯著作权的行为所吸收，作为一个行为的不同阶段看待。"❶ 若规避行为与复制行为是不同主体实施的，则构成共同侵权。但要特别注意的是，即便如此，也并不是单纯的规避行为本身构成了侵权，而是前后两个行为的结合加上其他必要要件共同构成的。

需要指出的是，有一种特殊情况也可能构成对版权的侵犯，即该技术措施本身构成版权法意义上的"作品"（如计算机软件）时。但笔者认为，此时的规避行为固然可能侵犯了相关权利人对技术措施（如计算机软件）本身享有的权利❷，但这已经不属于我们所讨论的"规避行为是否构成对其被保护的版权作品的侵犯"的范畴了。因此，在这种情况下，仍然不能说规避技术措施的行为构成了对其所保护的版权作品的侵犯，而只能说是对该计算机软件版权的侵犯。此时，侵权行为的对象和法律关系的客体均有本质的不同。

（2）侵犯财产权或物权。

若规避者在规避行为之后，并无后续的针对其被保护的版权作品实施的复制、修改等侵权行为，那么这种单纯的规避行为也有可能构成对他人财产权或物权的侵犯。技术措施的本质是一种技术方

---

❶ 郭禾．规避技术措施行为的法律属性辩析［J］．电子知识产权，2004，（10）：15～16．

❷ 对计算机软件享有的权利，有的国家也称之为"版权"或"著作权"，有的国家则将其归为一种特别权。规避技术措施的行为有可能侵犯相关权利人对技术措施本身享有的权利，比如，用于加密的技术措施很可能是一个计算机软件或者一段独立的程序，其本身可能构成一个"作品"；在破解过程中通常需要运用复制、修改等手段，这些手段和行为就可能构成侵权。郭禾．规避技术措施行为的法律属性辩析［J］．电子知识产权，2004，（10）：14．

案或方法，但其表现形式多种多样，既可能是一个抽象的软件或程序，也可能是某个设备或装置；而且，即使表现为程序或软件，也是必须依附于一定的有形载体之上才能实际发挥其作用。因此，规避技术措施的行为，如绕开、破解尤其是破坏行为就很有可能侵害版权人及相关权利人对技术措施本身所享有的财产权或物权。

（3）侵犯专利权。

若规避者在规避行为之后并无后续的侵权行为，那么这种单纯的规避行为还有可能构成对他人专利权的侵犯。假设某技术措施表现为一项技术设备或装置，且被授予专利权，那么规避者在实施规避行为时，若将该设备未经许可予以改装或者为规避目的进行生产，只要其中涉及商业或营利目的，就很可能构成对该专利权的侵犯。

2. 可能不构成侵权行为

若规避者并无后续的侵权行为，此种单纯的规避行为也可能不构成侵权；而且，不构成侵权行为的情形不止一种，或者说，合法、合理的抗辩理由不止一个。

（1）可能构成私力救济。

从公平正义的角度来看，法律既然允许版权人在特定情况下利用技术措施以维护自身的版权权益、实施私力救济，就应当同时赋予社会公众在某些情况下通过规避技术措施也实行私力救济的对等性权利。只要实施规避技术措施行为的动机和目的是正当合法的，程度不超出必要限度，该规避行为即不构成非法行为；若规避的目的是维护自身的合法权益，则可能构成私力救济，如自助行为、正当防卫等。

笔者认为，至少在两种情况下，社会公众应当能够获得规避技术措施、采取私力救济行为的正当理由：一是当技术措施被滥用，如采取攻击性的技术措施，使社会公众的合法权益遭到或者即将遭到侵害时；二是当技术措施在运行或实施过程中，因某种客观原因出现故障或错误，可能对相关用户或消费者的合法权益造成损害时。如果发生其他类似的紧急情况，可能对社会公众的合法权益造成损害的，也应当允许其实施规避行为。从广义上讲，只要是出于实现或维护自己的财产权❶、隐私权❷等合法权益的正当目的，规避技术措施的行为就是正当的，属于私力救济行为。关键是该规避行为应符合民法对私力救济的条件和要求等一般法理。

赋予社会公众一定的规避技术措施的私力救济权，是非常重要的。其一，符合公平正义的理念。因为，"当人们的权利受到侵犯时，他们的本能反应就是义愤，并要求正义……"❸；"放弃私力救济行为，就等于放弃了维护正义、保障自身合法权益的第一道防线"❹。其二，更有利于维护版权法的利益平衡和权利制衡。马克思曾说，"利益就其本性来说是盲目的、无止境的、片面的。一句话，它具有不法的本能"❺，版权及其体现的利益当然也不例外。因此，法律若是仅仅单方面地赋予版权人采取技术措施的权利以及反规避保护，必将导致版权人的权利极度扩张，社会公众的合理使用空间

---

❶ 部分技术措施尤其是攻击性技术措施可能会在特定条件下发生作用，对用户的硬盘、系统、电脑等产生危害，比如通过植入计算机病毒来攻击系统，危害系统的安全或者稳定性，有可能导致用户的部分重要信息、作品丢失或者被锁住，造成用户的经济损失，即是财产权遭到侵害的例子。

❷ 部分技术措施在实际运行过程中，会悄无声息地自动收集用户个人的相关信息，因此可能对用户的个人隐私构成一定的威胁。

❸ ［美］波斯纳．法理学问题［M］．苏力，译．北京：中国政法大学出版社，1994：234.

❹ 赵峰．私力救济的法理分析［J］．北京理工大学学报，2001，（3）：61～62.

❺ 中共中央马克思恩格斯列宁斯大林著作编译局．马克思恩格斯全集（第1卷）［M］．北京：人民出版社，1995：82.

被过分挤压，社会公众许多方面的自由被妨碍，甚至使社会公众"动辄得咎"，使版权法原有的平衡土崩瓦解。

（2）可能构成合理使用。

法律不应当也不会禁止所有的规避技术措施的行为。除了允许社会公众采取规避技术措施的私力救济行为以维护自身的合法权益外，版权法还应当为社会公众的合理使用保留足够、充分的空间。

合理使用是版权法的一项基本原则。况且，传统版权法中所规定的合理使用情形绝大多数都是针对已经公开发表的作品的。技术措施的反规避保护应当而且必须受到传统版权法中合理使用原则的约束和限制。因此，如果社会公众规避技术措施行为的目的是为了实现合理使用，则该行为不具备可责难性。❶ 当然，重要前提是必须严格符合法律规定的合理使用的条件，而且不能超出必要的、合理的限度，不能对版权人的权益造成不必要的侵害。

由上述对若干种情形的分析可见，单纯的、消极的规避技术措施的行为一般而言不能构成对该技术措施所保护的版权作品的版权的侵害；除非规避行为与对作品的非法使用行为相结合。其中，由私人实施的规避行为对版权人的版权的威胁可能较小。版权人的防范重点应当是那些专门化、职业化的规避人员、规避工具、规避设备及装置，是那些有组织、有规模的规避行为。因此，笔者认为，私人的、非出于商业目的的规避行为不应被普遍地、一般化地禁止。相反，法律还应当为社会公众的合理使用和私力救济圈出一片净土，

---

❶ 例如，消费者某甲想在自己的车上和家中观赏同一张 DVD 光碟中的内容，但又不愿意购买两张一模一样的 DVD，于是打算复制该 DVD 以达到目的，却发现该 DVD 被版权人采取了防止复制的技术措施。此时，若某甲通过避开或破解该技术措施而复制了一张该DVD，供自己欣赏使用。笔者认为其规避行为属于合理使用，而非侵权行为。

确保社会公众拥有"喘息"的空间和最低限度的自由。❶

三、规避技术措施行为能否构成独立的版权侵权形态

规避技术措施行为与针对该技术措施所保护的作品实施的复制等侵权行为是两种不同的侵权行为形态吗？单纯的规避技术措施行为能否构成独立的版权侵权形态？这一问题因解释方法不同，可能会得出不同结论。而且，基于各国不同的国情及立法方式等，司法实践中的具体认定存在差异亦属正常。

（一）我国现行法规定及司法实践

1. 我国现行法规定

（1）《著作权法》的相关规定。

我国现行《著作权法》中涉及"技术措施"的规定主要是第 48 条的第 6 项。从该条文的表述方式以及 8 项并列式侵权行为形态的列举来看，"未经著作权人或者与著作权有关的权利人许可，故意避开或者破坏权利人为其作品、录音录像制品等采取的保护著作权或者与著作权有关的权利的技术措施的"，即构成"侵权行为"中的一种，当然，"法律、行政法规另有规定的除外"。

（2）《信息网络传播权保护条例》的相关规定。

2013 年 1 月修改后的《信息网络传播权保护条例》则进一步、更为详细地规定了技术措施的相关违法行为，主要体现在该法第 4 条、第 12 条、第 18 条、第 19 条和第 26 条。《信息网络传播权保护条例》第 26 条将"技术措施"定义为"用于防止、限制未经权利

---

❶ 正如韩国代表团在 WCT 和 WPPT 签订过程中的第三次联席会议上发表的评论："如果我们规定规避技术措施是非法行为……如果版权法将权利授予权利人，就会限制其他人的合法自由。"

人许可浏览、欣赏作品、表演、录音录像制品的或者通过信息网络向公众提供作品、表演、录音录像制品的有效技术、装置或者部件"。其中，浏览、欣赏属于对作品或其他客体进行访问或接触的情形，而"向公众提供"是作者等著作权人行使信息网络传播权以及使用作品的行为。可见，该条例所保护的技术措施包括控制访问的技术措施和控制使用的技术措施两种。

该条例第 4 条明确列举了三种被禁止的规避技术措施的行为：（1）不得故意避开或破坏技术措施；（2）不得故意制造、进口或向公众提供主要用于避开或破坏技术措施的装置或部件；（3）不得故意为他人避开或者破坏技术措施提供技术服务。可见，该条例既禁止直接规避行为，也禁止准备行为，即相关规避设备和规避服务的制造、进口或提供。该条例第 18 条、第 19 条则分别规定了实施规避行为者的法律责任。其中，第 18 条❶第 2 项的规定非常明确地将"故意避开或破坏技术措施的"行为单独定性为"侵权行为之一"，这与《著作权法》第 48 条的规定是一致的。

2. 我国的司法实践

迄今为止，我国司法实务中发生的与技术措施有关的案件并不多。代表性案件主要包括：北京精雕科技有限公司诉上海奈凯公

---

❶ 《信息网络传播权保护条例》第 18 条规定："违反本条例规定，有下列侵权行为之一的，根据情况承担停止侵害、消除影响、赔礼道歉、赔偿损失等民事责任；同时损害公共利益的，可以由著作权行政管理部门责令停止侵权行为，没收违法所得，非法经营额 5 万元以上的，可处非法经营额 1 倍以上 5 倍以下的罚款；没有非法经营额或者非法经营额 5 万元以下的，根据情节轻重，可处 25 万元以下的罚款；情节严重的，著作权行政管理部门可以没收主要用于提供网络服务的计算机等设备；构成犯罪的，依法追究刑事责任：（一）通过信息网络擅自向公众提供他人的作品、表演、录音录像制品的；（二）故意避开或者破坏技术措施的；……"

司著作权侵权纠纷案❶，武汉适普软件有限公司诉武汉地大空间
信息有限公司侵犯计算机软件著作权纠纷案❷和文泰刻绘软件著

---

❶ 以下简称北京精雕公司案。该案的基本案情为：原告北京精雕科技有限公司是 JD-Paint 软件的合法著作权人，JDPaint 未作为商业软件在市场上销售，而是作为原告销售的雕刻机的一个组成部分。为使该软件与自己销售的雕刻机捆绑销售、配套使用，并使其他雕刻机无法读取该软件输出的数据文件，原告对该软件输出的数据文件使用了专门的 Eng 格式，而非标准的 NC 格式。但被告上海奈凯电子科技有限公司开发的 Ncstudio 软件能读取 JDPaint 软件输出的 Eng 格式的数据文件，其他雕刻机就有了运用被告的软件接收并读取 JDPaint 软件输出的数据文件的可能，原告企图凭借其 JDPaint 软件的优势以确保雕刻机销量的计划告吹。于是，原告向上海市第一中级人民法院提起诉讼，诉称被告非法破译其 Eng 格式加密措施，开发并销售能够读取 Eng 格式数据文件的数控系统的行为，侵犯了其对 JDPaint 软件的著作权，要求被告停止侵权行为并赔偿原告经济损失 48.5 万元。具体案情可参见上海市第一中级人民法院民事判决书（2006）沪一中民五（知）初第 134 号和上海市高级人民法院民事判决书（2006）沪高民三（知）终字第 110 号。本书仅探讨该案中与技术措施有关的部分，不涉及该案中的计算机软件的发表权等其他问题。

❷ 主要案情介绍：原告武汉适普公司对自主开发的 VirtuoZo NT 全数字摄影测量系统相关软件（以下简称 NT 软件）享有著作权，地大公司向原告购买了 7 套该软件用于生产。2007 年，原告发现被告未经许可而在生产用电脑上擅自安装并使用了至少 50 套该软件，遂将被告诉至法院，称被告的安装、使用行为侵犯了自己的软件著作权，要求停止侵害、赔偿损失。被告除擅自复制、安装和使用 NT 软件外，还有规避相关技术措施的行为和嫌疑。因为 NT 软件的安装和使用，需要使用者将网卡号传给原告，由原告进行加密授权，生成软件许可证由用户复制到指定目录、再运行执行文件从而完成安装过程。一般情况下，这是一种一对一的安装，是原告主动采取了技术措施的结果。而被告在被合法授权的使用之外，明知该软件设置了加密保护措施，仍破解其技术措施，对核心加密文件进行复制并在生产用电脑上安装和使用。因此，法院认为，原告所采取的加密措施在通常情况下能起到阻碍普通人非法使用的预防侵权效果，被告的破解行为构成侵权。详见陈嘉欣. 评武汉适普软件有限公司诉武汉地大空间信息有限公司侵犯计算机软件著作权纠纷案——对比北京精雕科技有限公司诉上海奈凯电子科技有限公司著作权侵权纠纷案浅论技术措施的构成要件 [J]. 中国商界, 2010, (202): 164.

作权案❶。这几个案件有两个共同点：第一，原告都以被告规避或破坏自己的技术措施这一直接规避行为（而非间接规避行为）为由主张被告侵权并赔偿相应损失；第二，审理法院基本都遵循两个步骤来进行，首先审查诉讼中所涉及的所谓的"技术措施"是否属于我国著作权法等相关法所规定的适格的"技术措施"❷，其次审查被告是否有"规避"或"破坏"该技术措施的行为，在完成以上两个主要步骤后，法院就会得出基本结论了。

3. 小结

从我国相关立法规定来看，《著作权法》和《信息网络传播保护条例》均明确列举了规避或者破坏技术措施的行为这一"侵权行为"的种类；因此，直接规避技术措施的行为本身似乎就足以单独构成版权侵权行为了。在我国司法实践中，从为数不多的几个相关案例的审理过程和结果来看，法院也基本上都是严格依照法律规定进行侵权与否的判断的：在确定相关技术措施"适格"后、重点审查被告是否实施了直接规避（或破坏）行为；直接规避行为与侵权认定之间是简单的直接对应关系，无须考虑其他要件。

然而，笔者认为，无论是我国立法的上述规定、司法中的上述

---

❶ 主要案情介绍：原告北京文泰世纪科技有限公司是文泰刻绘系统软件的著作权人，原告对软件采取了"DISCGUARD"光盘加密验证技术这一技术措施。被告孙晓峰、香港创造国际科技有限公司和瑞精创造科技（深圳）有限公司在购买上述软件后破解了原告的技术措施，还在其网站上提供补丁压缩文件"1234"——一种"文泰解密补丁"软件，该软件能规避原告的技术措施，使用户轻松实现对原告的文泰刻绘软件的使用。为此，原告将三被告诉至法院，认为被告破解了自己的技术措施，侵犯了软件著作权，要求被告停止侵权、赔偿损失。经深圳市龙岗区人民法院审理，该案以原告胜诉而告终。法院判令被告立即停止规避原告技术措施的行为及提供规避工具的行为，并连带赔偿原告经济损失10万元人民币。详见深圳市龙岗区人民法院民事判决书（2009）深龙法民初字第4153号。

❷ 在审查技术措施的适格性时，一般重点审查该技术措施是否具备有效性、防御性（或正当性）、合法性、相关性等特点或条件。

做法还是学界的类似认识，均缺乏可认同性，是值得商榷的。在简单地下结论之前，我们似乎应当认真审视、慎重求证，看其是否符合版权的立法目的、是否合乎法理。

（二）部分其他国家的立法与司法考察

鉴于我国与技术措施保护相关的案例屈指可数且不具有典型、相当的参考价值，我们不妨重点看看其他国家在司法实务中的做法。事实上，有部分国家在技术措施保护的相关立法和司法实务中均十分强调技术措施与其防止或抑制版权侵害的目的之间的重要关联，并通过严格的解释方式缩小了版权法所保护的技术措施的范围，如澳大利亚；有的国家虽在立法上并未十分明显地强调技术措施与版权侵害两者之间的关联，但在司法实践中似乎逐渐意识到了割断两者的联系可能造成的危害，从而表现出了强调两者之间的合理相关性的倾向和态度，如美国。

1. 澳大利亚

澳大利亚是上述两类国家中前者的典型，其在版权立法中一向很强调技术措施的目的须为"防止或抑制版权侵害"[1]，且在司法实践中也很强调技术措施与防止版权侵害之间的关联性。在 Stevens v. Kabushiki Kaisha Sony Computer Entertainment 一案中，澳大利亚高等法院认定，Sony 公司的电脑游戏主机 PlayStation 中所含的、防止他人将未经授权制造的游戏片使用于主机内的装置并不属于版权法第 10 条所规定的"技术措施"[2]。澳大利亚强调两者之间的重要关联，其目的在于缩小禁止社会公众规避的技术措施的范围，从而为

---

[1] 参见澳大利亚《数字议程法案》第 10 条第 1 款对"技术措施"的界定。

[2] Stevens v. Kabushiki Kaisha Sony Computer Entertainment，221 A. L. R. 448，at 47，143 and 228（High Court of Australia，2005）．

社会公众的合理使用保留必要的空间。实际上，笔者认为，澳大利亚一向是非常注重版权法中私人利益与公共利益的平衡，而且是在该方面做得比较好的典型代表。

2. 美国

单纯从立法条文的表述来看，美国的立法与我国立法的风格是基本一致的，甚至可以说美国是典型的认为规避本身即构成独立的版权法上的侵权行为的代表性国家；但从司法实践看，似乎会得出完全不同的结论。

一方面，在美国的版权立法中，我们几乎看不出技术措施"反规避条款"或"反交易条款"与版权侵害之间需要有何直接关联；甚至有学者直接指出，美国的 DMCA 是"无关联性立法模式的典型代表，即法律保护的技术措施受到规避并不需要导致版权侵权的发生或危险"❶；而且，在美国司法实践中，对技术措施保护相关条款的违反通常被视为一项不同于一般版权侵害的独立的诉因，或者说，规避技术措施的行为被当成了一种独立的侵权形态。然而，另一方面，美国已有部分相关案例开始表明法官们在该问题上的另一种倾向或者走向：事实上，对技术措施规避行为与版权侵权之间关联的淡化，并不是美国法官的统一做法；有不少法官及法院已经意识到，要求两者之间存在合理的相关性不仅是必要的、而且也是非常重要的。

例如，在 2004 年的 Chamberlain Group，Inc. v. Skylink Technologies，Inc. ❷ 一案中，法院分析了 DMCA 中禁止规避规则与版权的关

---

❶　马利. 版权技术措施的反思与完善——以"使用者权"为研究视角［J］. 郑州大学学报：哲学社会科学版，2012（2）：61.

❷　381 F. 3d 1178，1204（Fed. Cir. 2004）.

系，认为"无论从条文的内容结构还是从立法历史上看，均显示DMCA 第 1201 条仅仅适用于与保护版权有合理联系的规避行为上。被告若以提供规避接触控制的技术措施的工具之方式以促进侵权行为，可能要承担第 1201 条（a）（2）规定的责任；但并非为促进侵权行为而提供规避工具的被告则不应根据第 1201 条承担责任"❶。更关键的是，该法院还认为，要想依据第 1201 条追究相关"规避工具"提供者的法律责任，就必须证明该"规避工具"的提供与版权侵害的存在或者对版权的严重威胁性的存在之间有联系❷，"Chamberlain想让我们得出在接触与版权之间没有必要的联系存在这一结论，但国会不可能有意图对 DMCA 作如此广义的理解"。

又如，在 2005 年的 Storage Tech. Corp. v. Custom Hardware Eng'g & Consulting, Inc.❸ 案中，美国联邦法院认为，"被告的行为并未达到侵犯版权或者帮助侵犯版权的程度，因此，原告没有依据 DMCA进行诉讼的可能"❹；该法院还认为，即使规避原告的代码保护系统

---

❶ Reichman, Jerome H., Dinwoodie, Graeme B. & Samuelson, Pamela. A reverse notice and takedown regime to enable public interest uses of technically protected copyrighted works ［EB/OL］. Berkeley Technology Law Journal, Available at：http：//ssrn. com/abstract = 1007817, 38.

❷ 在该案中，联邦巡回上诉法院认为，美国 DMCA 第 1201 条第 a 项第 2 款的违反，仅限于所提供的规避工具可使他人实施与版权有关的行为。原告（顾客）在买入电子车库门锁后，对电子车库门锁有使用权，包括利用万能门锁开启器开启电子车库门锁的权利，因此，顾客规避该技术措施而开锁的行为与版权侵害无关联，不构成对上述法律规定的违反。

❸ 421 F. 3d 1307（Fed. Cir. 2005）. 基本案情：原告生产了一种被称为"自动磁带盒图书馆"的大数据存储产品，该产品售出后，消费者仅被允许通过其中的代码设置来使用该产品，但不能对其进行维护。被告是以维护该产品为服务内容的商家，为实现维护产品的目的，被告开发了一种能规避原告的代码保护系统的密码的程序，从而能为原告的消费者诊断并修复上述产品。原告认为被告违反了 DMCA 的禁止规避条款，侵犯了其权利。

❹ Storage Tech. Corp. v. Custom Hardware Eng'g & Consulting, Inc., 421 F. 3d 1307（Fed. Cir. 2005）.

这一行为可能违反了原告与消费者之间的合同，该规避行为也不应当是违反了 DMCA，因为该合同下的权利不受版权法的保护。如若不能证明版权法保护的权利与规避技术措施之间有联系，就不应当认定被告有违反 DMCA 禁止规避条款的行为。❶

3. 德国

巧合的是，《德国著作权法》的相关规定也明确体现了类似的观点。《德国著作权法》第 95 条 a 的第 1 款规定的是对技术措施的"禁止规避"，但该禁止性规定"是以受著作权保护的作品或者受著作权法保护的邻接权为前提的，这一规定还要求规避人有着'在不征得权利人同意的情况下致力于接触保护客体或者对该客体进行使用的'故意"，"规避故意这一条件要求行为人的规避目的明确或者从当时的情况来看应当明确"❷。

4. 日本

日本为技术措施所提供的保护十分有限。首先，《日本著作权法》所禁止的规避行为仅限于直接规避行为之前的"准备行为"（或谓间接规避行为），即对规避设备或工具的交易以及规避服务的提供，而不包括直接规避行为本身❸；其次，即使是在《日本著作权法》关于禁止规避技术措施的几个有限的条款中，所指称的"技

---

❶　Storage Tech. Corp. v. Custom Hardware Eng'g & Consulting, Inc., 421 F. 3d 1307 (Fed. Cir. 2005).

❷　《德国著作权法》第 95 条 a 第 1 款："1. 只要行为人明知，或者根据情况应知，规避为保护本法保护的著作，或者本法保护的其他客体的有效技术措施将导致访问该著作或者保护客体，或者导致其利用，不经权利人许可，不得规避该技术措施。"

❸　根据《日本著作权法》第 120 条之二的规定，除了对规避设备或计算机程序等规避工具的交易等行为予以禁止外，对其他规避行为的禁止仅限于"以应公众的要求而为规避行为为经营"的情形，其实质是对提供规避服务的禁止。因此一般认为，日本《著作权法》对直接规避行为并不予以禁止。陈锦全. 日本著作权法关于技术保护措施之修正（下）[J]. 智慧财产权杂志，2000：27.

术措施"均仅限于保护权利的技术措施，而不包括控制接触的技术措施；而且，在对准备行为予以禁止时，仅以"主要功能是用于规避技术措施的设备或者计算机程序"为禁止对象。❶ 另外，在日本的立法中，无论是控制接触的技术措施还是保护权利的技术措施，法律仅禁止商业性地和公开性地提供规避设备或者规避服务的行为；为私人目的而私下进行的相关行为则不在打击范围之内。特别值得注意的是，日本法并未将对技术措施的破坏行为本身定性为违法。

5. 小结

从上述分析不难发现，从司法实践来看，美国和澳大利亚虽然具体做法不同，但却殊途同归，总体思路和趋势是不谋而合的。与美国和澳大利亚相比，德国对"禁止规避"技术措施的适用条件的规定更为严格，不仅强调要以保护版权或邻接权为前提、强调技术措施保护与防止版权侵害之间的关联性，而且须有规避的"故意"。从立法来看，日本是较为保守的，其保护力度是较为适中和合理的，不乏我国可借鉴之处。

笔者认为，总的来说，以上若干国家的做法并非巧合，而是已经充分意识到技术措施反规避保护制度的扩大适用可能的潜在危险，特别是将对广大社会公众的利益造成的不可弥补的伤害，比如科技进步、残障人士对作品和信息的可及性、网络安全、消费者自由、隐私保护、言论自由、信息交流、合理使用的空间和范围；等等。

（三）直接规避行为本身不宜单独被认定为版权侵权

以上几个国家的司法经验证明了一个事实或者趋势：不少法官

---

❶ 部分中国台湾学者也持类似观点。章忠信. 著作权法制中"科技保护措施"与"权利管理资讯"之探讨（上）[J]. 万国法律, 2000,（113）: 45; 许富雄. 数位时代合理使用之再探讨——以反规避条款为中心（硕士）[D]. 中国台湾: 中原大学, 2004: 177～185.

或法院已经认识到，强调技术措施直接规避行为与版权侵害之间的关联，是版权法中技术措施反规避保护的应有之义。

笔者也认为，规避技术措施的行为（主要指直接规避行为）本身不适宜、也不足以构成一种独立的著作权侵权行为。主要原因在于，将规避行为本身视为版权侵权行为的认识至少具有以下几方面的缺陷，无法实现在法理等层面的自圆其说。

1. 不符合法律逻辑以及传统的法学理论

从应然的角度，结合我国刑法学及传统版权法相关法学理论而言，笔者认为，若行为人出于侵犯版权的目的而规避技术措施，并在规避后实施了传统版权法规定的侵犯版权的行为，如非法复制、篡改等，此时的规避行为是手段，侵犯版权是目的。如前所述，两个前后相继的行为相结合而构成了对版权的侵犯，似乎不能强行分开而作为两种不同的侵犯版权的行为来看待。若规避行为与复制行为是不同主体所为，则构成共同侵权。倘若作相反解释，在逻辑上和法理上似乎显得过于牵强。❶

2. 司法实务中易导致版权人权利无限扩大之危险

换一个角度再看，在我国司法实践中，倘若真的彻底抛开所有其他的潜在要件——尤其是规避者侵犯版权的非法目的、技术措施的有效性、技术措施的防御性等要件——而直接将单纯的规避行为本身全部认定为版权侵权行为，将产生极大的危害，社会公众也是

---

❶ 学者李琛也不赞同将破坏技术措施的行为视为侵犯著作权的行为。他认为："侵害著作权行为的逻辑特征是非常明显的，只能是非法利用作品的行为。郭禾教授通过细致的形而上学的分析，得出的结论是：'有关国际条约和相关国内法中所禁止规避或破解技术措施的行为不是直接侵犯著作权的行为，更不是一种侵犯著作权财产权的行为。技术措施权利人在这里所享有的权利自然也不是著作权。'但是，如此细致的理论分析为数甚少，所谓的'技术措施权'的概念借助国际条约的影响，会塑造一批国内法，反过来成为理论的'依据'。"李琛. 论知识产权法的体系化［M］. 北京：北京大学出版社，2005：96.

无法接受的。因此，笔者认为，我国《著作权法》第 48 条第 6 款在适用时必须结合其隐含条件，即其他的侵权构成要件。我们不能也不应当将该条款的规定理解为"单纯的规避技术措施行为本身即足以构成独立的侵权形态"；倘若作此理解，许多本应属于合理使用的合法行为可能都会面临着被视为侵权的风险或危险；换句话说，在此种情况下，我们需要无限地、不断地扩充若干项侵权的例外情形，这种立法方法是不可取的。与其如此，我们倒不如将相关条文做狭义解释，补充其他的侵权构成要件，以矫正有可能导致的侵权行为范围泛化或无限扩张的不良状况。

3. 从民事救济手段可反推出其不合逻辑性

虽然 WCT 要求缔约国针对技术措施的保护应提供有效的法律救济，但并未明确须提供什么样的法律救济措施。一般而言，大多数国家是直接套用传统版权保护手段，即将版权法上关于版权侵权救济的相关手段及法律责任直接适用于技术措施的反规避保护之上。撇开刑事责任和行政责任不谈，我们仅审视其民事救济方式。就民事救济而言，传统意义上版权受侵害的损害赔偿，一般的重点在于考察版权遭侵害所造成的市场替代状况❶；若法院支持损害赔偿额的给付，须根据权利人的损失或者侵权人的获利来计算，仅在这两个方面均无法举证、不甚明朗的情况下法官才可能转而适用法定赔偿条款。

试想，倘若允许技术措施的反规避保护完全抛开对作品的利用或者相关潜在危险的构成要件而单独成立版权侵权行为，将不存在所谓的损失或者获利问题；特别是当单纯的规避行为、规避工具或

❶ 沈宗伦．论科技保护措施之保护于著作权法下之定性及其合理解释适用：以检讨我国著作权法第 80 条之 2 为中心［J］．台大法学论丛，2009，（2）：320.

服务被提供，但无相关的版权侵害行为，也未造成实际损失或潜在威胁时，根据"无损害即无救济"的侵权法基本原理，此时的民事救济是完全没有必要的。另一个相关问题在于，倘若在规避行为之后又有传统的版权侵权行为（如对作品的商业利用），那么，这两个前后相继的行为是否就将被认定为两个各自独立的侵权行为呢？这两个行为所导致的损害赔偿是应当一起主张，还是分别主张呢？若构成单独的、不同的诉因，那么各自的损害认定规则又如何？就司法实践的操作而言，若规避行为本身即构成侵权行为，其所产生的民事损害是难以衡量或评估的。由于规避（或破坏）的是技术措施本身，即使部分技术措施本身的价值评估是可行的，将对技术措施本身的赔偿作为侵权的民事救济既不符合版权法保护技术措施的宗旨，也不符合法律逻辑；毕竟，版权法并非为了保护技术措施本身而保护技术措施，在此种版权侵权行为中，是版权而非技术措施本身遭受了侵害。

4. 直接规避行为本身的复杂性直接排斥简单的侵权认定

现实生活中林林总总的规避技术措施的行为，其性质并不能一概而论，最关键的是要视其目的、方式及其结果；既有可能构成侵权行为，也可能属于合法行为，如私力救济、合理使用等。在此背景下，完全不考虑其他因素，仅仅规避行为本身即被视为版权法上的侵权行为，显然是违反立法本意的；即使是在法律本身已列举出若干侵权的例外情形的背景之下。因此，笔者认为，规避行为被认定为版权侵权行为，必须在给予充分的谨慎审查并结合其他构成要件的情况下进行认定，不应草率认定，而且，一般的规避行为都应属于不构成侵权的范围；而不是现在我们的立法所呈现出来的：一般未经许可的规避行为都构成侵权，不构成侵权的是例外情形。

5. 超出相关国际条约要求的保护范围和水平

虽然西方发达国家及其版权产业界积极推动技术措施反规避保护的国际立法的目的在于为技术措施谋求绝对的法律保护，但从WIPO 的谨慎心态尤其是最终形成的 WCT、WPPT 相关条款相对保守的内容来看，WIPO 的真正目的在于：将规避技术措施这一普遍、典型的侵权手段予以突出强调，以引起各国重视从而提供相关救济。因此，从相关国际条约强调对技术措施予以反规避保护的根本目的来看，其本质是为版权提供保护，规避技术措施不能完全抛开对版权的保护这一目的而单独构成某种纯粹的、独立的版权侵权行为或形态。否则，将根本改变版权法提供此种保护的初衷，也高于WCT、WPPT 所明确要求提供的保护水平，可能导致赋予版权人某种垄断权——可能是某种超预期的意外利益或者收获。

（四）技术措施反规避保护在我国著作权法中的重新定位

对于我国著作权法对技术措施规避行为的相关规定，有学者曾鲜明地提出批评意见。有人指出："将规避技术措施的行为作为一种与侵犯著作权行为相关的行为，规定在《著作权法》中，并非完全不可；只是对这一行为的性质应当有一个相对清楚的认识"，"从我国法律的条文上看，并不能直接得出规避技术措施的行为定性为侵犯著作权的行为"❶。还有学者评论道："我国《著作权法》将'规避或破解技术保护措施'等行为定性为著作权侵权行为，但这种定性值得检讨。"❷

笔者赞同上述学者的观点。从上文的论证可见，无论是从法学

❶ 郭禾. 规避技术措施行为的法律属性辩析［J］. 电子知识产权，2004，（10）：17.

❷ 祝建军. 对我国技术保护措施立法的反思——以文泰刻绘软件著作权案一审判决为例［J］. 电子知识产权，2010，（6）：73.

理论和法律逻辑的角度分析，还是从近几年美国、澳大利亚、德国等国在司法实践中的态度和趋势来看，加上对社会公众的心理认同、心理承受能力等的考虑，不难得出同一个结论：技术措施直接规避行为都不能也不宜被认定为一种独立的版权侵权形态，至少必须强调其与防止或抑制版权侵害这一目的之间的紧密关联性。这一点不言而喻。

对我国来说，承认对技术措施的反规避保护，本来是迫于相关国际条约的规定不得已而为之，考虑到技术措施本身与社会公众、竞争者等群体的利益攸关，我国实有必要严格对技术措施的保护条件、限缩对技术措施的保护范围。在笔者看来，我们应当为回归立法本意而改变现行法律规定的表述方式，将技术措施规避行为与传统的版权侵权行为建立起必要关联，将这两个行为一并作为版权侵权行为的典型方式之一予以列举或强调。或许，在今后的著作权法修改时，我国可以考虑在规避技术措施的行为构成版权侵权行为的构成要件中，明确增加一个要件——比如，规避行为之后须有传统的版权侵害行为或规避行为本身对版权侵害具有现实威胁性——以明确显示规避技术措施与版权侵害行为之间的关联性。唯有如此，才不至于造成不必要的误会，导致法律适用或者法律解释上的困难甚至混乱。

实际上，笔者并不赞同将单纯的直接技术措施直接规避行为在立法中定性为一种侵权或违法行为；因为，从日本等对技术措施反规避保护持保守和保留态度的国家的立法可以看出，直接规避行为与间接规避行为两者毕竟是截然不同的，在性质、危害性、影响、主体等方面均存在重大区别，立法对这两者理应采取不同的态度和评价。直接规避行为应当享受一般性豁免待遇，而间接规避行为

（准备行为）则应予以一般性禁止。退一步说，就算我国在立法上有必要严格规制直接规避行为，仅有规避或破坏技术措施的行为也不宜单独被认定为构成版权侵权行为，而须结合规避的故意、对作品或其他对象的复制及使用等传统的侵权行为（造成实际损害或威胁），才能共同被认定为版权侵权。

可能有学者会提出，若不将单纯的直接规避行为认定为版权侵权行为，那么，立法中将技术措施反规避条款单独列出有何必要或实益呢？在版权法中，我们在对技术措施直接规避行为予以重新定位时，一个可供参考或斟酌的解决方案是：当技术措施直接规避行为和版权侵权行为（或危险）由同一主体实施时，规避行为的性质可被视为版权侵权行为过程中的一个组成部分，或谓辅助性行为❶；当上述两个行为由不同主体分别实施时，在某些情况下则构成共同侵权行为。如此一来，技术措施反规避保护条款的独特价值，无疑也得到了较好的印证和凸显，尤其是在后面一种情形下。也许，这会是技术措施反规避保护这一"超版权"条款更为理想的归宿或者发展方向。当然，相关解决方案尚有待进一步研究和思考。

四、小　结

规避技术措施的行为，其性质不能一概而论，要视其目的、方式及其结果而定；既可能构成侵权行为，也可能属于合法行为，如私力救济、合理使用等。在笔者看来，在各种各样的规避行为中，除了准备行为在一定条件下可以单独被法律规定或司法认定为一种单列的侵权行为之外，直接规避行为的定性问题实不能简单化处理，而是须结合传统的版权侵权行为的其他要件来进行综合判断和认定。

---

❶　可借用刑法理论中的"手段行为"或"准备行为"等术语。

第三节 技术措施受版权法保护的正当性

总体而言,版权法中的技术措施反规避保护制度自身在理论上尚存在若干悬而未决的问题,值得进一步研究。其中,技术措施受法律保护的正当性是一个最基础、最根本的问题,尤其是防止接触的技术措施受保护的正当性问题。

如前所述,广义的技术措施包括两大类,一类是最典型的技术措施,即以防止复制及其他直接保护版权固有内容为目的的技术措施,又称"版权保护技术措施"❶;另一类则是防止接触的技术措施,又称"接触控制措施"❷。然而,这两种技术措施受保护的正当性问题不可同日而语。因为,防止复制的技术措施和其他版权保护技术措施应受版权法保护,其主要依据在于版权本身的正当性以及保护版权目的的正当性,学界对此大体上持相同意见;相反地,接触控制技术措施受保护的正当性却不能从保护版权的角度来论证或解释,学者们对该问题也存有较大争议。

对于接触控制技术措施受保护的正当性,学者们的代表性观点主要有以下四种。

1. 保护复制权说

此种观点认为,接触控制技术措施能保护复制权,其正当性在于防止,且是防止"临时复制"。然而,笔者认为,此观点要想具备说服力,必须具备一个前提条件,即临时复制是一种版权侵权行为,是一种被版权法所禁止的行为;但显然,这个前提无论是在我

---

❶ 王迁. 版权法保护技术措施的正当性 [J]. 法学研究,2011,(4):86~104.

❷ 王迁. 版权法保护技术措施的正当性 [J]. 法学研究,2011,(4):88~90.

国还是在不少其他国家均是不被普遍承认的。❶

2. "接触权"说

第二种观点认为,接触控制技术措施的目的在于保护接触权,而接触权是一项应当属于版权人或邻接权人的专有权,虽然版权法中尚未明确规定该项权利。美国版权法学者简·金森伯格教授等学者持这种观点,认为,"在数字化时代,公众对作品的利用发生了从'获取作品有形复制件'到'直接欣赏作品内容'的转变"❷,将接触权解释为"版权人控制公众对数字化作品以阅读、欣赏等方式进行'接触'的权利"❸,并指出接触权本身是版权必要的内在组成部分。

笔者认为,"接触权说"尽管从表面上看似乎能自圆其说,但其最致命的缺陷在于,其完全创设了一项新的版权内容,"接触权"是"横空出世"的;而"接触权"作为一种新设权利,其自身的正当性尚且未被论证且难以论证。所谓的"接触权"只不过是学者们强行从逻辑上反推并臆造出的一项权利,缺乏存在的基础。因此,建立于"接触权"正当性的基础之上的"接触权"说就更缺乏说服力了。

3. "间接保护版权"说

有学者认为,接触控制技术措施之所以应受法律保护,是因为

---

❶ 此处不详细展开阐述。可参见王迁. 版权法保护技术措施的正当性 [J]. 法学研究, 2011, (4): 88~92.

❷ Jane C. Ginsburg. From having copies to Experiencing Works: the development of an access right in U. S. copyright law [J]. Journal of the Copyright Society of the USA, 2003, (50): 113~115. 转引自王迁. 版权法保护技术措施的正当性 [J]. 法学研究, 2011, (4): 92.

❸ Jane C. Ginsburg. From having copies to Experiencing Works: the development of an access right in U. S. copyright law [J]. Journal of the Copyright Society of the USA, 2003, (50): 113, 118. 王迁. 版权法保护技术措施的正当性 [J]. 法学研究, 2011, (4): 92.

其能间接保护版权，是一种保护版权的重要手段。这种观点显然是将"接触控制"与"间接保护版权"混为一谈了，也就是说，接触控制就等于是在间接保护版权；反过来推导，不难得出控制接触是捍卫版权的一种方法的结论。

笔者认为，这一观点并不能完全解释接触控制技术措施受保护的正当性。事实上，并非所有的接触控制技术措施都能起到间接保护传统版权的作用，相反，仅有极少数接触控制技术措施能在防止未经许可接触作品的同时间接保护版权。

4. "维护正当利益"说

有学者明确指出，上述三种代表性观点均无法自圆其说、不能成立❶；同时认为，是因为接触控制技术措施所维护的是权利人"在版权法中的正当利益"，因此版权法对其加以保护也具有正当性；该正当性在于"保障版权人能够从公众对作品的欣赏中获得收益"。这种观点可被归纳为"维护正当利益"说。

可见，第四种观点与前三种观点的根本区别在于，前三种观点均强调其正当性是维护版权本身，而第四种观点却认为，目的不是维护版权，而是权利人采用技术手段以维护自己在版权法中享有的正当利益（收益）。

笔者认为，前三种观点难免有些牵强、缺乏说服力。相比之下，笔者更倾向于第四种观点。"维护正当利益"说不仅仅适合作为版权法为接触控制技术措施提供保护的正当性基础，而且能为防止权利人滥用技术措施的反规避保护提供理论上的依据或基础。关键在于"正当利益"中的"正当"二字。因此，当版权人意欲利用法律对技术措施的反规避保护为自己谋取捆绑销售、反竞争、反兼容等

---

❶　王迁. 版权法保护技术措施的正当性［J］. 法学研究，2011，（4）：100.

不合法或者不正当利益时，我们完全可以借助"维护正当利益"说这一理论，将该行为定性为对技术措施反规避保护的滥用，拒绝为这种接触控制技术措施提供相关保护。

第五章 技术措施保护与公共
利益的冲突问题研究

在两个"互联网条约"的影响下，技术措施在各国版权法中取得了一定的地位，成为版权人控制公众利用作品的"法宝"。那么，该制度在各主要国家和地区的版权立法中登堂入室后，实际的运作效果如何呢？

事实上，技术措施经常被版权人所利用、不时地给公众制造着"定时炸弹"。版权人企图利用自身技术优势实行技术控制的欲望，中外皆有体现：我国有 1997 年的江民公司"逻辑锁"事件❶，美国

---

❶ 1997 年，江民公司在自己的新产品 KV300 的升级版中植入了"逻辑锁"程序，该程序能自动检测用户的杀毒软件 KV300L＋＋是否为盗版，若发现盗版，会将该用户的硬盘"锁住"，无法进行任何操作。除非向江民公司申请获取解锁密码，否则无法恢复硬盘。江民公司因此被北京市公安局以危害计算机系统安全为由给予罚款处罚。

有 2005 年 Sony BMG 公司的 "Rootkit" [1] 事件。[2] 现今的版权扩张越来越依赖技术措施，而技术措施的广泛运用也越来越多地满足了版权人索取更多垄断性利益的野心和贪欲。牛津大学的威沃教授指出："知识产权最近的扩张表明，与其说它是一种激励我们所追求的创新的手段，不如说它变成了目的本身。" [3] "版权制度从为保障创作作品的动力所必需之相对狭窄的权利体系，转变为保护权利人最大化

---

[1] rootkit 源于 UNIX 电脑系统，是一种可获得电脑系统 root 存取权限的软件工具组（kit），所以被称为 rootkit。rootkit 最初被用于善意的用途，但后来被归入恶意软件之列。因为黑客们经常合并使用 rootkit 和其他恶意软件，如合并使用 rootkit 与 "后门程序"（backdoor），就能在目标系统留下 "后门"，以便后续控制目标系统或者窃取目标系统中的资料。rootkit 本身不是病毒，没有病毒的传染性，但黑客们常将 rootkit 程序偷偷装入目标系统并暗中启动该程序，再加上 rootkit 程序本身具有很强的隐蔽性，因此 rootkit 经常被黑客利用以入侵和攻击他人系统。因此，rootkit 被大多数杀毒软件视为具有危害性的恶意软件。赖荣枢. Sony DRM Rootkit 的威胁与发现 [EB/OL]. http://www.microsoft.com/taiwan/technet/columns/profwin/19-Rootkits.mspx, 2010 – 05 – 18.

[2] Rookit 事件是 Sony BMG 公司过度利用 rootkit 黑客技术所引发的一场风波。2005 年，Sony BMG 公司在其发行的音乐 CD 上采用 XCP 防复制技术，在网络连接时可追踪该音乐的使用情况，以便防止非法复制或格式转换。当消费者在使用视窗作业系统的个人电脑上播放内置有 XCP 技术的 CD 时，该防复制软件会自动传输到消费者的电脑，限制该 CD 被复制的次数。该 XCP 上装有 rootkit 程序，Sony BMG 公司并未将该 XCP 和 rootkit 黑客技术的安装告知消费者，而 rootkit 的运作可能产生一个后遗症，即可能使消费者的电脑系统被当作黑客攻击的对象而对消费者的电脑系统安全增加风险。Sony BMG 公司所利用的 rootkit 黑客技术是一种追踪监控的技术措施，即在数字产品售出后可帮助版权人继续追踪产品的使用情况，只要使用者连接网络，版权人就能监控使用者有无违法使用行为；一旦发现违法使用行为，可立即对其发出警告、将其列入黑名单或者使其无法继续使用，作为惩罚手段，从而迫使使用者使用合法软件。2006 年 11 月 27 日，美国国会图书馆馆长于美国联邦公报发布公告，更新了 DMCA 的豁免规定。其中，有一条专门针对 Sony BMG 公司 "Rootkit" 事件的规定，即以光盘形式发行的录音制品或影视作品中含有控制接触的技术措施，而有可能危及个人电脑的安全时，为检测或矫正这一技术措施的善意目者，可以规避此技术措施。

[3] 戴维·瓦韦尔（David Varer）. 知识产权的危机与出路 [J]. 李雨峰，译. 知识产权，2007，(4).

其利润和利用其作品的全部经济潜力的权利要求。"❶

也许对于版权保护而言，技术措施是必不可少的，但广大公众的自由、安全等利益又将如何保障呢？版权利益集团以其强势力量追逐私人利益，而公共利益却因无人打理而在版权立法中渐次缺位。我国的"逻辑锁"事件和美国的"Rootkit"事件表明，版权人对技术措施的滥用行为已经超出社会公众的容忍限度。这使我们不得不对技术措施制度本身进行深刻反思，力求对技术措施的版权法保护可能导致的各种消极影响和潜在危险有全面、充分和清醒的认识。

本章将结合部分国家司法实践中的典型案例，揭示出技术措施制度在实际运作中对若干公共利益的潜在威胁，以便制定相应对策并对该制度予以完善。

第一节　技术措施与信息获取的冲突

一、信　息

关于"信息"，《牛津英语辞典》将其界定为"通过各种形式可被传递、传播、传达、感觉到的，以声音、图像、文字表达，并与某些特定的事实、主题或事件相联系的消息、情报、知识等"。在社会生活中，"信息"有时用于指称有价值的未知消息。

早在 20 世纪 60 年代，西方学者就指出，现代社会是信息社会，即高度信息化的社会。随着计算机互联网等高科技的发展，信息共享的应用日益广泛而深刻。在信息社会，"物质、能源与信息已成为

---

❶　Waldron, Jeremy. From authors to copiers: individual rights and social values in intellectual property [J]. Chi-Kent Law Review, 1993: 851.

社会发展的三大资源"，"信息成为比物资或能源更重要的资源"。❶
物质、能源和信息是自然界提供的为人类创造性活动所必需的三个
因素，其中，信息是最重要的社会资源，❷ 尤其是在当今信息社会。

二、信息共享和信息平等的重要性

基于信息的特殊重要性，在数字时代确保社会公众的信息共享
和信息平等是非常必要和重要的。"崇尚信息共享和合作是网络社会
的时代特征。"❸ 信息共享通常指共同享有有价值的未知消息。信息
的使用价值可以被无限次分享而没有损耗，因此，唯有共享信息才
能充分发挥信息的潜在价值，降低全社会的信息生产成本。❹ 影响信
息共享度的因素有四个："一是信息本身的不完备性和非对称性；二
是信息本身的价值，即信息获取者所应付出的代价；三是网络主体
信息需求的选择性；四是网络主体获取和处理信息的能力。"❺ 除信
息共享外，信息平等也很重要。倘若社会公众获取或利用信息的能
力不平等，信息平等就只能是一句空话。倘若信息或交流信息的能
力被某些主体垄断或者主导，对边远地区、穷人、残疾人等弱势群
体而言是不公平的。❻ 目前，有许多因素影响着信息共享和信息平等
的实现。

---

❶ 郑万青. 全球化条件下的知识产权与人权 [M]. 北京：知识产权出版社，2006：
191.

❷ 郑万青. 全球化条件下的知识产权与人权 [M]. 北京：知识产权出版社，2006：
192.

❸ 王和平. 信息伦理论 [M]. 北京：军事科学出版社，2006：47.

❹ 王和平. 信息伦理论 [M]. 北京：军事科学出版社，2006：47.

❺ 王和平. 信息伦理论 [M]. 北京：军事科学出版社，2006：48～49.

❻ 王和平. 信息伦理论 [M]. 北京：军事科学出版社，2006：5.

三、信息自由与信息自由权

如何确保为社会公众提供必要的信息获取机会和自由，成为当今各国政府的一项重要任务。时至今日，自由获取和传播信息的"信息自由"在国际社会上已发展为一项独立的"基本人权"❶。在信息社会中，应当实现人人可以创造、获取、使用和分享信息。

1968 年，联合国第一次国际人权大会上通过的《德黑兰宣言》首次在国际上将"信息自由"与"表达自由"并列，标志着信息自由权正式成为一项独立的基本人权。2000 年 8 月 28 日，联合国人权委员会的"促进和保护见解与言论自由特别报告员"提交了一份报告——即《公民权利和政治权利：包括言论自由问题》。该报告特别指出，"寻求、接受和传递信息不仅是言论自由的派生权利；它本身就是权利。这种权利是自由民主社会的基石。它还是增进参与权的一项权利，而参与权被认为是实现发展权的根本"。2003 年 12 月，联合国召开的信息社会世界首脑会议上发表的政治声明❷中指出："公平获得信息是可持续发展的必要因素。在一个以信息为基础的世界，信息必然被视为人类平衡发展的一项基本资源，每个人都能够取得。我们关注国家之间和国家内部的'数字鸿沟'产生的严重危险，使得基于性别、宗教、民族或种族歧视而造成的现有不利因素更为扩大"，"所有权利和自由越来越通过数字技术来行使。通信服务、技巧和知识有效而公平的取得正成为个人享有完整公民资格的先决条件"。另外，还有一些颇具影响的区域性国际人权公约也对信息自由权作了规定，譬如：《美洲人权公约》第 13 条规定，

---

❶　联合国 1946 年第 59 号决议。

❷　该政治声明于 2003 年 6 月 19 日部长理事会第 844 次部长代表会议通过。

"人人都有思想和表达的自由权利。这一权利包括寻求、接受和传递任何信息与观点的自由";《欧洲人权公约》第 10 条规定,"人人享有表达自由的权利。此项权利应当包括持有观点的自由,以及在不受公共机构干预和不分国界的情况下,接受和传播信息和思想的自由";《非洲人权和民族权宪章》第 9 条规定:"(1)人人有权接受信息;(2)人人有权在法律范围内表达和传播自己的观点。"

从上述列举的若干法律文件的阐述来看,信息自由权一般是指公民自由接收、传达信息的权利,包括消极状态和积极状态两个方面。信息自由权不仅是"不受干涉"的消极自由,而且是"要获得"信息的积极自由;积极自由意味着,"除不得设置取消性限制以外","还要求设立某种适当的强制措施以使个人决定的结果在社会生活中得以实现"。❶

四、技术措施对信息获取的不利影响

版权法所保护的各种作品中包含着许多信息,其中也包含了文化创作和创新所必须依赖的基本信息,此类基本信息中的绝大部分属于人类共同的精神财富,不应被私有化。为使基本信息不至于被版权人所垄断,版权法专门确立了"思想与表达两分法"以及仅仅保护"独创性"作品等基本原则。

然而,近年来,随着版权人的各种技术措施得以普遍应用以及版权人权利的扩张,社会公众利用互联网等媒介便捷地获取信息的空间和自由直接遭到了蚕食和妨碍。特别是在技术措施的版权法保

---

❶ [美]富勒. 自由——一个含蓄的分析 [J]. 哈佛法律评论, 1955, (68):1313. 转引自彼得·斯坦, 约翰·香德. 西方社会的法律价值 [M]. 王献平, 译. 北京:中国法制出版社, 2004:227.

护被作为一项基本制度在各主要国家或地区确立后，在法律保护的屏障下，信息商业化的不断加剧似乎成为版权法发展的一个主要趋势。正如克里斯蒂娜·汉纳在《版权回归》一文中所指出的：版权法发展的趋势是版权人的权利在扩大、公众获取信息的空间却在缩小。"一个公共资源占主动地位的世界正在（或将要）走向控制。这种转变将使我们失去早期 Internet 特有的开放资源，少数人将获得对资源使用的控制权。"❶ 数据库的法律保护就是一个典型例子，而且数据库本身即是若干技术措施得以运用的结果。联合国有关机构也指出，"由于越来越多的信息被转换为电子数据库而只能通过互联网存取，发展中国家的研究机构和大学将面临更大的困难获取低成本的信息"❷。在此背景下，公众获取各种信息的渠道变窄，更严重的是公众获取信息的成本剧增。

值得注意的是，基本信息的私有化或商业化是一个危险信号，将直接影响版权法若干公共目标的实现。正如彼得·达沃豪斯（Peter Drahos）和约翰·布雷斯韦特（John Braithwaite）教授在其著作《信息封建主义》中所指出的那样：通过信息私有化控制社会而获得"统治权"的做法属于"信息封建主义"；在"信息封建时代，产权的重新分配包括作为智力公共财物的知识财产转移到私人手中"，其结果是"将私有垄断权提高到一个危险的全球化的高度，而此时，全球化的力量从某种程度上削弱了国家的作用；降低了国

---

❶　[美] 劳伦斯·莱斯格．思想的未来 [M]．李旭，译．北京：中信出版社，2004：243．

❷　联合国贸发会议——国际贸易与可持续发展中心（UNCTAD-ICTSD）"知识产权保护与可持续发展项目"之政策研究指南《知识产权保护对发展之启示》．转引自郑万青．全球化条件下的知识产权与人权 [M]．北京：知识产权出版社，2006：204～205．

家保护其公民免受行使私有垄断权影响的能力"❶；当著作权人通过超长的著作权保护期❷使公众丧失获得较多资料的机会时，"我们能够交换、获得及讨论信息的利益就受到干预，而公众交换、传播和交流信息是民主发展的根本之路。如果社会把信息产品的定价权赋予知识产权权利人，那么赋予得越多，公民获得的信息就越有限"❸。"信息封建主义"不仅阻碍对信息的接触或接近，而且还在信息披露方面追求"租金最大化"。这样一来，研究、创新所需要的各种信息或资料要么无法获取，要么价格昂贵。

总体而言，技术措施的广泛采用和一般性保护必将导致社会公众接触、使用信息的成本大幅上升，一定程度上阻碍公众对信息的自由接触和使用，从长远看不利于文化的传承与创新。技术措施的法律保护可能让某些人有机会借着保护版权的名义，对进入公有领域的作品进行公然侵占，造成新的事实上的信息垄断，从而减少社会公众的信息来源，对公众使用公共领域的信息的自由构成不合法的限制。例如，数据库的制作者有可能将某些处于公有领域的信息编入数据库从而对该信息享有专有权，造成非正义的结果。

具体而言，技术措施的采用以及版权法保护对信息获取自由的消极影响主要表现在以下方面。

首先，控制接触的技术措施运用的实际效果导致公众无法访问或接触到作品的实质内容，丧失阅读、欣赏甚至预览或了解作品的机会，无从获取新的信息或思想，更加无法从事相关创作活动或者

---

❶ [澳] 彼得·达沃豪斯等. 信息封建主义 [M]. 刘雪涛，译. 北京：知识产权出版社，2005：3~4.

❷ 现在许多国家实行的是作者生前加去世后70年的著作权保护期限。

❸ [澳] 彼得·达沃豪斯等. 信息封建主义 [M]. 刘雪涛，译. 北京：知识产权出版社，2005：3~4.

对作品予以评论、适当引用等精神文化活动。当作品的载体呈现为有形的纸质版本时，社会公众还有可能从图书馆借阅该作品以便进行后续的阅读、评论、引用等行为；但若电子形态的作品逐渐流行、占主导地位甚至成为作品问世的常规形态时，技术措施将对作品的接触或访问构成各种形式的屏蔽或障碍，因此，在目前各国普遍未对版权人采取技术措施的期限加以限制的情况下，加上版权人本身享有的技术优势，可能导致的一个结果是，版权人会凭借加密等技术措施使作品长期处于自己的控制范围内，直接关上社会公众获取信息的大门。

其次，控制使用的技术措施的应用也将对公众包括合理使用在内的各种使用方式及自由构成限制。至于限制方式及限制程度，要视技术措施的具体情形而定。有的技术措施是从免费使用的期限方面加以限制；有的是从使用方式上加以限制，如防止拷贝、禁止打印；还有的对使用次数加以限制，如规定允许下载的次数；等等。

可见，作为技术措施的两种主要类型，控制接触的技术措施和控制使用的技术措施都将对社会公众接触或使用作品造成消极影响。对技术措施所提供的保护虽然加强了版权人在数字环境中的版权保护，但目前范围不明确的此种保护也很可能为版权人创设或扩大了传统版权法未赋予或者限缩的权利，直接或间接剥夺了社会大众接触信息的权利。对盲人和其他残疾人等社会弱势群体而言，这种负面影响更甚。因为，这一群体比普通人更加缺乏接触、使用作品的能力，极易成为新的技术背景下社会信息鸿沟中的最底层人群。

五、抑制技术措施对信息获取的妨碍的重要性

针对数字时代的版权利益平衡问题，大英图书馆馆长林恩·布尔德利（Lynne Brindley）认为，DRM 技术的发展和版权的强化使得公众合理使用的权利受到了侵害，在版权法修改中，立法者应注意协调好技术措施及版权保护与公共获取、共享知识及信息三者之间的平衡。国际图书馆协会和机构联合会❶也强调"和谐的著作权法"的重要性，认为和谐的著作权法对著作权人利益实施切实有效的保护，同时保障公众有合理利用作品、获取信息的机会，让全体社会成员分享知识和信息的文明成果，有益于知识和信息产品的创造与创新，最终促进社会的全面进步。国际图联积极宣传的一个主张是："数字时代的著作权政策，必须反映保护作者和创作者的作品以及促进发达和发展中国家人民对信息最广泛的存取之间的谨慎的平衡。"❷ 可以说，如何保证信息拥有人与信息使用人之间的利益平衡，公共领域的信息在多大程度上可以为私人商业性占有，已成为现代信息社会面临的重要法律问题。

对于我国等发展中国家而言，上述问题更应当引起重视。据联合国有关机构指出："在科教界，发展中国家依然依赖于外文出版物、学术期刊（数字或非数字）、教学和研究软件、电子数据库和与互联网的连接。从发展的角度而言，人们有理由对近年来知识产权政策的发展趋势感到忧虑，因为这种趋势限制了发展中国家获取知识和教育、科学和技术信息的渠道，而这些信息对发展中国家发展本国科技研发和创新的能力是至关重要的。"❸

---

❶ IFLA，以下简称"国际图联"。

❷ 郑万青. 全球化条件下的知识产权与人权［M］. 北京：知识产权出版社，2006：210.

❸ 联合国贸发会议——国际贸易与可持续发展中心（UNCTAD-ICTSD）"知识产权保护与可持续发展项目"之政策研究指南《知识产权保护对发展之启示》. 转引自郑万青. 全球化条件下的知识产权与人权［M］. 北京：知识产权出版社，2006：204～205.

六、如何抑制技术措施对信息获取的不良影响

如何有效遏制技术措施保护对信息获取及资源利用的不利影响，如何尽量维持社会公众成员之间的信息共享和信息平等，避免出现信息鸿沟呢？

笔者认为，一方面，应当在立法中完善技术措施制度，尤其重要的是增设各种必要的例外和限制规则；另一方面，要充分发挥图书馆的各种公共职能，提高公共图书馆提供信息的能力，最好是为公共图书馆创设多种技术措施保护的例外，为公共图书馆对信息的存储、利用和加工等行为争取尽可能多的自由空间，以便公共图书馆顺利实现其所承载的重要的公共文化职能。为更好地发挥图书馆的重要作用，笔者提出以下几点建议：

首先，要妥善处理技术措施保护及版权人权益维护与社会公众通过公共图书馆获取和利用信息之间的关系。国际图联认为：图书馆既支持和满足用户合法获取受版权保护的作品及其中包含的知识、信息和思想的需求，也尊重作者和其他版权人依法获得公平的经济回报的权利。

其次，应充分发挥图书馆的公共借阅职能，并为这一职能的实现扫清各种障碍，包括技术措施的保护。在信息的传播与普及方面，图书馆的公共借阅起了极大的促进作用。在数字时代，图书馆的公共借阅还包括利用网络进行数字化信息传播。国际图联认为：图书馆的公共借阅在扩大信息传播范围的同时，还拓展了商业信息的市场，对几乎所有类型的信息媒介都起到了宣传作用。因此，笔者认为，没有必要将图书馆的公共借阅与版权人的经济利益完全对立起来。任何利用法律或契约限制图书馆的公共借阅的做法都将有损于

知识的传播或创造，从而损害版权人、图书馆及其用户的利益。

再次，要提高并充分发挥公共图书馆提供信息的能力。当今，数字化信息和现代通信技术为信息的传播带来了前所未有的好机会。无论是传统的馆际互借，还是新的数字技术背景下的信息存储、网络传输或者资源共享，均能大大提高图书馆向社会公众提供信息的能力。鉴于图书馆的特殊重要地位，版权法应当为图书馆利用新技术存储或提供信息的行为提供便利或保障，而非增加障碍。具体而言，版权法应当允许图书馆将受版权保护的作品转换为数字形式，供其在业务活动中利用；图书馆为满足用户的学习、研究需要所为的复制，应能享受版权豁免；当技术措施的运用及其被保护妨碍到合理使用时，应当允许图书馆或者用户出于非侵权的目的规避技术措施，以保障社会公众获取和利用信息的权利。

最后，要充分利用公共图书馆维护和实现信息平等及信息共享，避免信息鸿沟的出现。国际图联认为，技术进步孕育着扩大社会信息鸿沟的危险，若只是有能力承担费用的人才能享受信息社会的好处，无疑会使信息富裕者和信息贫困者之间的差距变得更大。正如有学者指出的那样，在数字环境下，倘若被采取技术措施的作品仅仅以数字化形式存在，而用户又没有其他合法途径获得该作品时，那么技术措施的采用将会把我们带入一个"接触"年代，即在数字环境中，仅仅那些有支付能力的人才能够去学习和掌握知识，这将进一步加剧群体之间的鸿沟。❶ 因此，笔者认为，版权法必须特别关注残疾人、低收入者等社会弱势群体的信息自由权，并确保图书馆

---

❶ Loren, Lydia Pallas. Technological protection in copyright law—is more legal protection needed？[A]. Paper Presented the Bileta 2001 Conference in Edinburgh [C]. Scotland. 转引自冯晓青. 技术措施与著作权保护探讨 [J]. 法学杂志，2007，(4)：22.

提供的大部分服务的无偿性；否则，社会公众尤其是弱势群体通过图书馆获取相关信息或知识的通道将被堵塞。为保障弱势群体的信息自由权而对作品进行数字化或者格式转换的，应在立法中被纳入合理使用的范畴，得到版权法的肯定与支持。

第二节 技术措施与科技发展的冲突

技术措施的版权法保护对科技发展与进步产生了若干消极影响。虽然各国为技术措施提供的版权法保护的具体范围、程度不尽一致，但技术措施的法律保护本身就或多或少地意味着"固步自封"，因为技术措施的保护排斥了对技术措施的规避、破解、避开或破坏，自然也排斥了对技术措施的修改。然而，对既有技术缺陷的研究正是技术创新的一个重要切入点，是促进技术进步的一个既经济又有效的重要途径。❶ 因此，对技术措施的版权法保护必定会在一定程度上抑制相关技术领域的技术创新和发展。

一、技术措施保护对科学研究活动的影响

实践表明，对技术措施的过度保护必将影响社会的技术革新进度，因为对科技发展至关重要的科学研究和学术交流活动已经受到其威胁或者潜在威胁。这从以下三个发生在美国的典型事例中得到了鲜明体现。

第一个例子是美国政府诉斯克利亚罗夫及 ElcomSoft 公司案。❷ 2001 年 5 月，由于俄罗斯程序员德米特里·斯克利亚罗夫（Dmitry

---

❶ 谢惠加. 技术创新视野下版权立法之完善 [J]. 科技进步与对策，2008，(3)：5.

❷ 203 F. Supp. 2d 1111；2002 U. S. Dist.

Sklyarov）在研究中发现了微软和 Adobe 公司某种加密技术的缺陷，并设计了一个可以规避电子书安全装置的程序 "Advanced eBook Processor"（"高级电子书籍处理器"），该程序允许用户破解奥多比系统（Adobe Systems），于是美国联邦调查局趁该程序员在拉斯维加斯参加学术会议的机会将其逮捕。据说，该程序员是因触犯美国 DMCA 而被捕的第一人。❶ 之后，斯科利亚诺夫及其所在的 ElcomSoft 公司一起被美国政府指控。

第二个例子是普林斯顿大学菲尔顿（Felten）教授领导的研究小组因破解数字水印技术而遭到诉讼威胁。❷ 由于单纯的科学研究和学术交流活动通常被认为是中立的，一般不涉及价值判断甚至法律责任问题，因此该案在世界范围内引起一片哗然，并给广大技术人员造成了不小的惊悚、威慑和负面影响。比如，荷兰的编码、安全系统分析专家尼尔斯·弗格森（Neils Ferguson）在发现英特尔公司"高速宽带数字内容保护"的影像编码系统中存在重大安全缺陷后，因担心自己会被认定为触犯美国 DMCA 而承担法律责任，于是拒绝发表该研究成果并撤走了其网站上所有相关的参考资料❸；部分安全专家因担心触犯 DMCA 而从美国若干重要会议中撤回了自己的研究成果，部分会议也改在其他国家召开❹；还有一些科学家明确宣布，

---

❶ 陈传夫.信息资源知识产权制度研究［M］.长沙：湖南大学出版社，2008：12.

❷ 普林斯顿大学的爱德华·菲尔顿（Edward Felten）教授成功破解了 Secure Digital Music Initiative 集团公司为数字音乐所采取的技术措施，该教授正准备在某学术会议上发表其研究成果，却被 RIAA 警告不得发表该破解方案，否则将根据美国 DMCA 对其进行指控。后来，菲尔顿教授反将 RIAA 告上法庭，主张自己享有言论自由以及发表学术成果的权利。最后，RIAA 不得不撤回了其法律警告，该案也不了了之。

❸ 谢惠加.版权法之技术措施保护的加密研究限制［J］.信息网络安全，2009，（2）：29～32.

❹ 陈传夫.信息资源知识产权制度研究［M］.长沙：湖南大学出版社，2008：67.

只要美国 DMCA 中的制裁存在，他们就不会参加在美国召开的 ACM 大会。

第三个例子是 2003 年的派拉蒙（Paramount）电影公司和 20 世纪福克斯电影公司诉 321 工作室一案。❶ 321 工作室是一家软件开发公司，主要业务是开发能帮助消费者保护自己在数字媒体上的投资的软件，该公司的产品曾被列入《PC》杂志 2003 年的最佳销售榜单。2003 年 11 月，原告起诉被告，称被告侵犯了 DMCA 的反规避条款，要求法院对被告的软件销售行为颁发初步禁令。2004 年 3 月，法院颁发了初步禁令。被告迅速提起上诉，要求中止该禁令。2004 年 4 月，被告的上诉被驳回。之后，321 工作室因该禁令及其他 6 个诉讼的影响遭受沉重打击而被迫关闭。在该案中，该公司的产品并非专用于规避电影制品的技术措施，但还是难逃被禁止开发、销售的命运，最终不得不以公司倒闭而收场。

上述三个例子揭示了美国的技术措施制度在实际运作中对科学研究和技术创新所产生的严重影响。由于美国对技术措施的保护力度过大，尤其是对相关破解技术措施的信息或方法的公布或散布行为的禁止，甚至蔓延到了正常的学术研究和学术交流活动，这必将导致对技术创新、技术发展与进步的阻碍。美国学术界也认为，美国 DMCA 的广泛应用威胁了公众自由表达的权利，同时对科学研究尤其是计算机科学的研究产生了不利影响。❷

众所周知，技术创新的重要前提就是科学研究的自由开展和充分交流，许多重要成果都是思想的火花发生碰撞的结果。倘若像美

---

❶ Paramount Pictures Corp. v. 321 Studios, No. 04 – 1360 (2d Cir. Apr. 16, 2004).

❷ Cho., TIMOTHY M. Hollywood vs. the people of the United States of America: regulating high-definition content and associated anti-piracy copyright concerns [J]. The John Marshall Law School Review of Intellectual Property Law, 2007, 6 (3): 525 ~ 549.

国那样，对某技术破解方法的交流或者对某技术漏洞的研究成果予以发表都有被视为规避技术措施的侵权行为的危险，那么科学技术的前进必然大为受阻。

二、禁止规避设备的交易对技术革新的影响

虽然 WCT 或 WPPT 并未要求各缔约方为技术措施提供非常广泛的保护，但美国、欧盟等发达国家或地区对技术措施的保护几乎都不满足于两个"互联网条约"所要求的最低保护水平或标准，而是既普遍禁止对规避技术措施的服务或信息的提供、发布等行为，也普遍禁止对规避技术措施的设备、产品、组件或零件的制造、进口或销售等交易行为。

然而，对相关设备的制造、进口或销售等交易行为的禁止，必然会影响某些行业的技术更新及发展，减少消费者可供选择的相关产品的种类和数量，还可能有损正当的竞争秩序。如果允许版权人起诉涉嫌规避技术措施的复制或传播设备的提供厂家，显然会直接影响到该相关产业的技术更新、产品升级等。

如前所述，技术的重要特点在于其中立性。况且，根据技术伦理学的基本原理：技术的伦理后果在客观上是不可预测的，科学家不可能预测到某一研究的伦理后果；若给科学研究过早地带上伦理道德的枷锁，可能导致放弃一切科学活动。某种技术、产品或设备可能有助于作品的传播或复制，但其所能传播的不仅包括侵权作品，也能实现或者便利合法的传播行为。另外，科学是一个不断探索和发现的过程。某项技术、产品或设备可能具备多种未知的其他用途或功能，关键取决于使用主体如何具体地去运用。

科学技术或者设备本身是无罪的。因此，为避免对相关行业的

技术革新造成不合理的压制或者过大的冲击，笔者并不赞同在版权立法中对相关设备的制造、进口或销售等交易行为予以严格的普遍性禁止。即使立法确有必要对某些规避设备的交易予以禁止，在确定这些规避设备的范围时也须特别谨慎。

倘若必须在立法中对某些规避设备的交易予以禁止，那么在划定应予以禁止的规避设备的范围的具体标准方面，我们不妨参考一下美国的做法。美国 DMCA 采用了三种标准综合应用的方案，即"主要设计或制造目的"标准、"效用和用途"标准和"销售者的主观意图"标准。❶ 其中，"主要设计或制造目的"强调产品设计、制造者的主观意图或目的；"效用和用途"标准则强调产品的客观功能和使用价值；"销售者的主观意图"标准强调销售者的主观心态。与美国之前采用的"实质非侵权用途"标准或者"主要效用和效果"原则相比，这种综合性方案更合理，对相关产业发展与技术革新的影响更小。

三、技术措施保护对加密研究的影响

以上两个方面是从一般意义上探讨了技术措施保护对科技进步及创新的消极影响。实际上，在微观层面，技术措施的版权法保护对加密研究的不良影响是非常突出的。该问题的重要性已经引起不少国家的重视与关注，并使得他们在相关立法中专门作了特别安排，主要体现为技术措施保护的限制或例外性规定。

加密技术是指使用数学公式或算法的干扰和解扰信息，加密研究则是为了提高对加密技术的认识或者帮助发展加密产品而识别和

---

❶　DMCA 第 1201 条（a）（2）和第 1201 条（b）（1）。

分析版权技术保护措施的缺陷和弱点的活动。❶ 加密研究的主要任务在于"通过发现现有加密技术存在的漏洞和缺陷，提出新的加密方法和手段，以保证数字信息在生成、传递、处理、保存等过程中，不被未授权者非法地提取、篡改、删除、重放和伪造等"❷。

"破解版权技术措施既笑 密研究的主要内容之一，同时也是促进加密技术发展所不可缺少的技术路径。"❸ 由于加密研究的开展必须以对已有技术措施的破解为前提，技术措施被纳入版权法保护范围后，对加密研究是一种威胁，更是一种制度性障碍。若不加限制地禁止加密研究，将从根本上危害各种安全保密工作，包括国家安全保密工作。因为安全保密技术的发展从来都是依靠技术自身的革新和升级来实现的，不可能仅靠法律的某个禁令而完成。在目前相关限制和例外规则比较欠缺的背景下，加密研究的空间已经被版权技术措施保护制度所侵蚀，"版权制度越来越成为保护缺陷技术、阻碍加密研究的法律工具"❹。这一现象亟需引起我们重视。

可以说，在一定程度上，版权法对技术措施的保护加剧了版权法与技术创新之间的矛盾。为解决这一问题，我们应当为加密研究设定例外规则。在这一方面，部分国家和地区已经走在前面，为我国的相关立法提供了有益参考。

美国 DMCA 将加密研究作为技术措施保护的一项例外，其规定

---

❶ 谢惠加. 版权法之技术措施保护的加密研究限制 [J]. 信息网络安全，2009，(2)：31.

❷ 谢惠加. 版权法之技术措施保护的加密研究限制 [J]. 信息网络安全，2009，(2)：29.

❸ 谢惠加. 版权法之技术措施保护的加密研究限制 [J]. 信息网络安全，2009，(2)：29.

❹ 谢惠加. 版权法之技术措施保护的加密研究限制 [J]. 信息网络安全，2009，(2)：29～32.

为：凡合法获得被加密的已发表作品的人，若经善意努力后无法获得授权，可以为加密研究的目的而规避技术措施，但条件是该加密行为是从事加密研究所必需的，而且加密行为本身并未构成违法行为。❶ 可见，DMCA 在承认加密研究行为合法性的同时规定了严格的前提条件。❷ 这也是为了在技术措施保护与加密研究以及科技发展之间实现较好的平衡，不致有失偏颇。

我国台湾地区"著作权法"也规定了加密研究的例外，体现在该"法"第 80 条之 2 第（3）项的规定。❸ 为进一步明确加密研究例外的法律适用规则，我国台湾地区于 2006 年 3 月 23 日专门发布了"著作权法第八十条之二第三项各款内容认定要点"（以下简称"认定要点"）。该"认定要点"的第 11 点规定，基于提升加密技术或发展加密产品的目的，为确认及分析作品所用加密技术之瑕疵或缺点，只要是符合以下要件，就可以规避禁止或限制解除著作之防盗拷措施，及发展、应用规避禁止或限制进入著作之防盗拷措施之设备、零件、技术等：（1）合法取得已公开发表著作之加密重制物或内容；（2）不规避，即无法进行加密研究；（3）行为前曾试图向权利人取得规避之授权而未获同意；（4）其行为不侵害著作权，亦不违反侵害隐私、破坏安全、计算机犯罪或其他法令的规定。同时，以执行加密研究为唯一目的，可以发展或应用规避禁止或限制接触作品的防盗拷措施的技术方法，并可以将这些技术方法提供给其他

---

❶　17 U. S. C. § 1201（g）.

❷　如 17 U. S. C. § 1201（g）（2）（c）的规定。

❸　该"法"第 80 条之 2 第 3 项列举了以下九种情形，作为技术措施保护的例外：（1）为维护国家安全者；（2）中央或地方机关所为者；（3）档案保存机构、教育机构或者供公众使用之图书馆，为评估是否取得资料所为者；（4）为保护未成年人者；（5）为保护个人资料者；（6）为电脑或网络进行安全测试者；（7）为进行加密研究者；（8）为进行还原工程者；（9）其他经主管机关规定的情形。

共同执行加密研究者，或提供给其他自行执行加密研究的人，供其确认研究结果。该《认定要点》第 11 点第 2 项还进一步规定了判断能否享受豁免的三个具体标准。❶

我国香港特别行政区在 2007 年修改版权条例时完善了技术措施保护的加密研究例外，其主要体现在《香港版权条例》第 273D（3）条的规定。❷ 为保障加密研究的正常进行，该条例第 273D（6）条还规定，共同进行加密研究的一方可以为另一方从事某些"相关行为"，下列帮助行为也不受技术措施保护条款的规制：（1）为该另一方制造或进口任何有关的器件；（2）向该另一方出售、出租、出口或分发任何有关器件；（3）持有任何器件；（4）向该另一方提供任何有关服务。

四、抑制技术措施保护对科技发展的消极影响

除以上三个方面的表现外，还有一种趋势虽然悄无声息，却在潜移默化，那就是：版权制度在网络空间的扩张已经逐渐显露出其对网络技术创新的限制。这恰恰是与版权制度的初衷背道而驰的。

技术措施的保护规则发展到今天，已经对科技发展造成了威胁

---

❶　这三个具体判断标准为：（1）加密研究所得的信息是否予以散布；如有散布，是否以提升加密技术的方式散布；其散布的方式是否侵害著作权或违反侵害隐私、破坏安全、计算机犯罪或其他法令的规定；（2）进行加密研究的人，其研究目的是否合法；是否受他人的聘雇；是否具备适当的训练或经验；（3）进行加密研究的人是否将其研究的发现或成果通知采取防盗拷措施的著作权人，在什么时间通知等。

❷　该条规定，若符合以下条件，以加密研究为唯一目的的规避技术措施的行为可免予法律制裁：第一，有关研究是由任何指明的教育机构进行或由他人代该机构进行，或者是为了在指明教育机构所提供的密码学范畴的指明课程汇总的教学或接受该种教学的目的而进行的。第二，在其他情况下，只要加密研究不构成对版权的侵害，且是为进行该研究的需要而实施规避行为，该行为或者向公众发布从该研究中取得的资料并未损害相关版权人的权利，则此种规避行为也可免予法律制裁。

或潜在威胁。原本以促进文学艺术作品创作和传播为己任的版权立法，现今反而成为版权人进行"圈地运动"的合法屏障。也正因为意识到了技术措施保护对科技发展的限制甚至阻碍，美国早在1984年就兴起了自由软件运动，1998年兴起了"开放源代码首创行动"，以直接对抗版权的扩张和过度保护对软件开发与利用、对计算机行业的限制等消极影响。

美国著名学者兰德尔·皮格尔（Randal C. Picker）曾经鲜明地指出："著作权法固然重要，但在某种程度上，保护著作权的动机必须让位于其他社会利益，包括促进新科技发展的利益及试验新的商业机会和市场结构的利益。"❶ 因此，对于技术措施保护对科技发展的种种消极影响，我们不能坐视不理，而是必须采取有力措施予以遏制。如何抑制此类消极影响呢？笔者认为，就我国而言，至少应坚持以下几个方面的原则和立场，并采取相应措施。

（一）为单纯的学术研究活动保留足够的自由空间

由于过度保护技术措施可能对科学研究、学术交流等活动造成"寒蝉效应"等不利影响，并对技术革新与发展产生一系列连锁反应，因此我国不宜在立法中赋予版权人过多的技术措施保护。尤其是对技术破解方法、技术漏洞等相关研究成果的发表、发布等行为，不应予以普遍性禁止；只有在该行为人故意提供相关信息以用于版权侵权，或者明知相关信息将用于版权侵权却仍予以提供的情况下，才能对其发表、发布或提供行为予以禁止，实行个案审查，以尽量减少对单纯的学术活动的限制、干涉或不良影响，确保科技发展的必要空间和自由。

---

❶　Picker, Randal C. Copyright as entry policy: the case of digital distribution［J］. Antitrust Bull, 47: 423.

关于这一问题，也有学者指出：从事科学研究者应当完全有权决定通过研究所获得的信息的传播方式；除非研究者在传播研究所获得的信息时有明显的帮助他人侵犯版权的意图，否则版权人不得以侵犯版权为由阻碍研究成果的发表。❶ 因为限制科学研究成果的传播途径将直接减缓相关科技知识的传播与发展，❷ 使该成果丧失接受多方检验及完善的机会。

（二）谨慎禁止规避设备的相关交易

在我国，对规避设备相关交易的禁止应当慎重。我国的信息产业发展还处于初级阶段，与欧美等发达国家相比存在较大差距，还需要国家立法和政策的扶持。因此，在进行相关立法时应充分考虑我国国情，从支持信息产业发展的角度，使版权立法有利于其发展而非限制其发展。考虑到美国信息科技发展和经济发展的高水平状况以及我国与美国之间的差距，我国不宜采取美国 DMCA 的严格立法标准，而应当对相关设备的制造、进口或销售等采取较为宽松的态度，尽量缩小技术措施保护的打击范围。比如，在认定"规避设备"时，可考虑采用"唯一目的"标准或者"实质非侵权功能"标准，前者是指除非该设备的设计、制造的唯一目的是规避技术措施，否则不属于规避设备；后者是指只要该设备具备某种非侵权的实质性功能，就不属于规避设备，即使该设备被他人用于侵权，设备的设计、制造商也无须承担侵权责任。

（三）在立法中创设加密研究、反向工程等例外规定

鉴于技术措施保护对加密研究、反向工程的不利影响，我国应

---

❶ 谢惠加. 版权法之技术措施保护的加密研究限制 [J]. 信息网络安全，2009，（2）：31.

❷ Elec. Frontier Found. Researcher escapes chilling effect of digital copyright law [EB/OL]. http：//www. eff. org/IP/DMCA/20020808_ eff_ bunnie_ pr. html, 2011 - 11 - 18.

当为加密研究、反向工程等创设例外性规定。笔者认为，我国台湾地区及香港特别行政区的加密研究例外规定有明显的效仿美国的痕迹。但对我国来说，美国对加密研究例外构成的要求似乎太高了。比如，DMCA 要求行为人（研究者）在为了加密研究的需要而破解技术措施之前作出善意的努力、以从版权人处获得授权，这一要求显然会给加密研究带来不必要的障碍或负担，有学者认为其将导致版权人能够决定哪甫　密研究是可以进行的，哪些是不可以进行的，因而会严重减损加密研究的意义。❶ 又如，DMCA 要求破解技术措施的行为必须是从事加密研究所必需的，这一要求过于严苛且不太具有可操作性，在实践中对这种"必需"性予以认定或论证本身就是个难题，该要求还有可能导致研究者缺乏研究动力，"因为他要进行加密研究首先要论证的是破解该技术的必要性而非重要性或有用性"❷，这显然会造成本末倒置，对研究者而言无异于一种故意刁难。如果对加密研究例外的要求过高，将大大压缩加密研究的空间和自由，造成无形的障碍。因此，我国在设计加密研究的例外规定时，可以仅要求对加密研究"具有重要作用"。至于研究者是否必须告知版权人以及以何种方式告知其研究的发现或结果，应当可以取决于其意愿。即使研究者未进行告知，也不能成为剥夺其适用加密研究例外的理由。

可见，在设计和完善技术措施相关制度时，我们必须兼顾版权人与技术设计、制造、开发行业之间的利益平衡。倘若过于偏重对技术措施的保护，将导致技术垄断，阻碍技术进步，不利于技术创新。

---

❶ Comments of Jonathan D. Callas［EB/OL］. http：//www. copyright. gov/reports/studies/comments/012. pdf，2010 － 06 － 17.

❷ Comments of HalFinney［EB/OL］. http：//www. copyright. gov/-reports/studies/comments/003. pdf，2010 － 06 － 17.

第三节　技术措施与合理使用的冲突

一、技术措施保护对合理使用空间的侵蚀

（一）技术措施保护妨碍合理使用的理论分析

技术措施被纳入版权法的保护范围是新的数字技术时代版权人的强烈需求所催生的结果。作为一种纯粹的科技手段，技术措施的运用获得了法律所赋予的强制力的支持，从而取得了形式上的正当性。

从一般意义上讲，技术进步对版权法中的合理使用制度必然会产生深远影响。斯普尔（Spoor）教授对此有经典论述："技术进步对合理使用的影响远远超过其对权利的影响……权利通常是以某种公开方式作概括性的阐述，较易适用于新技术，而合理使用往往更加特定化、具体化……简而言之，权利具有自我适应性、可自我调整，而合理使用则并非如此，必须被动的被调整。也就是说，即使法律创造了某种平衡的解决之道，随之而来的变化也极易打破这种平衡，除非存在某些能调整对合理使用的解释的内部机制。"❶ 因此，随着数字技术时代的到来，合理使用制度自然要面临新技术带来的挑战。除非有某种灵活的、新的解释机制，否则合理使用制度无法自动适应新技术所带来的变化，也无法实现自我调整。

然而，在目前上述解释机制尚未充分创设的情况下，技术措施保护对社会公众合理使用的妨碍或影响已经成为既定事实：这已经

---

❶ Spoor, J. General aspects of exceptions and limitations to copyright［M］. ALAI Study Days.

不是一个新鲜话题。在版权扩张的背景下，合理使用的范围正在不断缩小。由于技术措施的运用是"全有或全无"的极端方式，当作品被采取技术措施后，不论某种使用是否"合理"，都将被挡在门外。版权人将作品严格控制于自己手中，公众要想正常阅读作品都须经过作者授权、跨越技术措施的障碍。采用"全有或全无"方式的技术措施，一方面固然是隔离了非法使用行为，保障了版权人的私人利益；另一方面也过滤掉了法律所允许的"合理使用"行为，使"合理使用"成为技术措施保护的牺牲品。"虽然版权法明确规定了某几种未经授权的使用行为是非法行为，但它同时也规定了其他仍有可能被技术保护措施所禁止的未经授权的使用行为是合法行为。然而，技术本身并不能区分出合法使用与非法使用。"❶ 因此，有学者指出，技术措施的版权法保护"使现有版权保护中的利益分配和权利安排简单地被技术措施所取代，形成一场因特网时代的'圈地运动'"❷。

　　在两种技术措施中，控制接触的技术措施的威力更大，使普通公众完全丧失了接触或了解作品的机会；就控制使用的技术措施而言，虽然其影响力不如控制接触的技术措施那么强大，但其对作品部分使用方式的控制或限制也必将对合理使用产生不良影响。正是由于充分考虑到这一点，美国 DMCA 才规定，版权人无权禁止他人直接规避保护权利（控制使用）的技术措施的行为，仅仅有权禁止规避保护权利（控制使用）的技术措施的装置。❸

---

❶　这是韩国代表团在 WCT 和 WPPT 制定过程中的第三次联席会议上发表的评论中的部分内容。笔者认为，韩国代表团的质疑是切中要害的，也是中肯、可贵的，但我们至今仍未重视。

❷　张耕. 略论版权的技术保护措施［J］. 现代法学，2004，（2）：121.

❸　美国 DMCA 第 1201（b）条。

（二）技术措施保护侵蚀合理使用空间的典型案例分析

技术措施的版权法保护对传统的合理使用制度的冲击以及对合理使用空间的挤压或侵占，在司法实务中也有不少体现，并引发了若干争议。以美国为例，美国 DMCA 中技术措施反规避条款的实施引发了版权人利益与社会公众利益的对立与较量，各种破解技术措施的方法和设备不断出现。版权人则打起了诉讼"保卫战"，包括"2600"杂志因公布用于破解 DVD 地区码的 DeCSS 软件而遭到八家电影公司起诉、普林斯顿大学菲尔顿（Felten）教授领导的课题组因破解某些数字水印技术而受到诉讼威胁等案例。❶ 为此，有学者感叹："如果大部分公众拒绝遵守某部法律，则该法律本身就已无关紧要了"❷；"版权死亡了，《数字千年版权法》把它杀死了"❸。

合理使用代表的是社会公众的利益，而技术措施保护代表的是版权人的利益，两者权衡之下，哪一个更占优势呢？在不同国家和不同法官眼中，这一问题似乎有不同的答案。

1. 美国的 Universal City Studios Inc. v. Shawn C. Reimerdes❹ 案

这个案例涉及环球影业公司等为防止他人擅自复制、传播电影而采用的一种控制接触及防止复制的技术措施，即"内容扰频系统"（Content Scramble System，CSS）。CSS 是一种 DVD 版权保护系统，可实现对 DVD 的加密。一旦 CSS 被植入 DVD 中，只有被授权的 DVD 播放器才能播放被加密的 DVD 的内容。大多数商业发行的

---

❶ 唐广良. 美国的《数字千年版权法》与技术措施保护制度 [J]. 电子知识产权，2004，(2)：24~26.

❷ Litman, Jessica. Digital copyright [M]. Premetheus Books, 2001：169.

❸ Lunney, JR., Glynn S. The death of copyright：digital technology, private copying, and the digital millennium copyright act [J]. Virginia Law Review, 2001, 87 (5)：821.

❹ 111 F. Supp. 2d 294 (S. N. D. Y. 2000).

DVD 中都普遍使用了该保护系统。

1999 年 10 月, 一名 15 岁的挪威少年乔恩·莱赫·约翰森 (Jon Lech Johansen) 与其他两位作者共同开发了一种软件, 运用算法可解出 CSS 的钥匙, 从而实现对 DVD 中内容的访问、下载及复制等。由于破解了 CSS, 该软件被称为 "DeCSS"。事情的起因是约翰森想在使用 Linux 系统的电脑上观赏自己合法购买的原版 DVD, 于是写了一个程序, 破解了电影业者使得 DVD 只能通过特定影碟机播放的 CSS 程序。2000 年 8 月 17 日, 赖默斯 (Reimerdes) 和科利 (Corley) 在自己的网站上发布了 DeCSS 的源代码并提供下载服务, 许多网民因此获得了 DeCSS。于是, 该行为被环球影业公司等美国 8 家电影公司诉至法院。

原告主张, 被告违反了 DMCA 第 1201 条的规定, 应承担相应的法律责任; 同时, 原告还向法院申请初步禁令, 随后又申请永久禁令, 禁止其中的一家网站继续发布代码 (一种驱动程序)。在法院发出初步禁令后, 被告从网站上删除了这些代码, 但同时又创建了到其他网站的链接, 并在被链接的网站上仍然提供 DeCSS 代码。在审理过程中, 针对原告的主张, 被告提出了若干抗辩理由, 包括网络服务提供商避风港保护、反向工程、加密研究、安全测试、合理使用及言论自由等。

经过审理, 一审法院认为: 被告提供了指向其他网站的链接, 一旦用户点击这些链接, 所链接的网站都能自动开始 DeCSS 程序的下载。这种提供有效链接的行为与被告亲自向用户提供 DeCSS 程序没有区别, 实际上仍然构成对 DeCSS 的贩卖, 违背了 DMCA 中禁止提供规避工具或规避服务等非法交易的规定。所以, 这种发布规避代码的行为也是违反美国版权法的。至于被告提出的种种抗辩理由,均被法院驳回。最终，一审法院下达了永久禁令，禁止被告在其网站上发布破译代码，同时禁止被告通过链接至包含这些代码的其他网站的方式间接提供代码的行为。2001年，美国第二巡回法院维持了一审判决。该法院认为，超级链接为瞬时访问位于全球任何地方的受版权保护的内容带来了便利，禁令中对链接的禁止适当地切断了使得他人未经许可而观看 DVD 上受版权保护的电影的途径。该案判决结果引起了美国国内以及世界范围内的高度关注。

笔者认为，在被告的诸多抗辩理由中有两个是值得讨论和关注的。一个是"合理使用"，另一个是"言论自由"。关于被告的"合理使用"抗辩，法院认为，"合理使用并不能成为规避技术措施的理由"❶。法院还指出，"如果国会想要允许为合理使用的目的而规避技术措施的话，就会在 DMCA 中作出规定，但该法的立法过程证明，不想让合理使用成为从事第 1201（a）条所禁止的规避行为的合法理由，才是国会的真正意图"❷。但另一方面，美国 DMCA 的相关条款却又明确规定，DMCA 第 1201 条的规定将不会影响该法对有关权利、救济、权利限制或版权侵害的抗辩（包括合理使用）等所作的规定。❸

那么，在美国技术措施制度的司法实践中，合理使用与技术措

---

❶　111 F. Supp. 2d 294（S. N. D. Y. 2000）.

❷　See Universal City Studios, Inc. v. Reimerdes, 111 F. Supp. 2d 294（S. D. N. Y. 2000），at 322. DMCA 第 1201（a）条即技术措施的保护条款。刘易斯·卡普兰（Lewis A. Kaplan）法官在分析合理使用与技术措施之间的关系时，承认技术措施不仅可能影响版权作品的合理使用，还可能影响非版权作品的使用，即不规避技术措施，有些合理使用就不可能实现。但是，合理使用是对版权侵害的抗辩，不适用于技术措施的保护。

❸　17 U. S. C. § 1201（c）（1998）："（c）Other rights, etc., not affected.（1）Nothing in this section shall affect rights, remedies, limitations, or defenses to copyright infringement, including fair use, under this title."

施保护之间究竟是何关系？合理使用是否能构成对技术措施保护的一种限制或例外呢？如前所述，学者们对此问题似有分歧，美国的法官们似乎也未能达成统一意见。不过，大多数学者倾向于认为，美国的技术措施保护中基本上不存在合理使用的适用空间，而是仅将合理使用当作版权侵权的抗辩。这一观点似乎在美国的部分案例（包括 Universal City Studios Inc. v. Shawn C. Reimerdes 案）中得到了印证。这样一来，导致的极端后果是，哪怕是合法获得作品的用户或消费者仅仅为了合理地在不同的数字媒体上使用作品所为的规避技术措施的行为，也不可能被视为合法；这显然是不公平的。

2. 美国的 Real Networks Inc. v. Streambox, Inc. 案[*]

该案的原告开发了一种视频流产品即 Real Servers，其用户可以利用该产品观看音频和视频节目。由于原告在产品中采用了一种被称为"秘密握手"的控制接触的技术措施，而"秘密握手"传输"信息流"的方式有两种，即可以下载、复制的和不能下载、复制的，由一个"复制开关"来进行控制。因此，利用 Real Servers 传输的作品不会被复制在用户的电脑上，用户也不能将节目下载到个人电脑上，除非得到内容提供者的许可。该案的被告是一个提供用于处理和录制音频、视频节目的软件产品的公司。通过反向工程，被告获得了 RealPlayer 软件中"秘密握手"机制的密码，并将密码纳入了自己生产的收录机 Streambox VCR 中。因此，被告的产品 Streambox VCR 能使用户避开原告产品 Real Servers 中要求的授权程序等技术措施，使用户能在未经版权人许可的情况下下载或复制作品。[❶]

---

[*]　F. Supp. 2d, 2000 US Dist., LEXIS 1889（WD Was 18 Jan. 2000）.

[❶]　被告的该收录机能忽视 Real Servers 中的"复制开关"，使原告的产品误以为被告的产品是原告的，从而使得下载或复制通过 Real Servers 提供的音频、视频节目是可行的。

原告认为被告生产、销售 Streambox VCR 的行为违反了 DMCA 关于规避技术措施的规定，从而起诉，请求法院对被告的产品颁发禁令。

在案件审理过程中，华盛顿西区地方法院驳回了被告关于合理使用的抗辩。法院认为，发行 Streambox VCR 这一规避设备的行为违反了 DMCA 关于禁止实施与控制接触及保护权利的技术措施有关的准备行为的规定。❶ 因此，法院对被告颁布了禁令，禁止被告制造、进口、许可、向公众提供或者允诺销售 Streambox VCR 这一技术规避设备。

3. 挪威的 DVD Copy Control Association v. Johansen 案

在挪威的这个案例中，法院的态度与美国截然不同。该案的二审法院认为，虽然 DeCSS 软件❷的使用会使 DVD 上载有的加密数据（作品）完全公开，但这也是属于挪威著作权法第 12 条❸所允许的行为，而且没有充分证据证明 DeCSS 软件被用户用于实施了非法行为，因此被告不应承担任何责任。❹

笔者认为，上述案例反映了不同的价值取向，这与该国的经济发展水平、信息产业发展水平、法律文化和传统等因素密切相关。就我国而言，在技术措施的运用和法律保护与合理使用之间发生冲突时，必须谨慎处理。在笔者看来，一般而言，私人基于合理使用目的所为的规避技术措施的行为不应被视为非法，否则，版权法中的合理使用制度将完全丧失其生存空间，实际上等于被取消了。倘

---

❶ Ginsburg, J. C. Copyright use and abuse on the internet［J］. Columbia-VLA Journal of Law & the Arts, 2000, 24（1）: 2～10.

❷ DeCSS 是一种能够破解 CSS 技术保护措施的程序，前文有介绍。

❸ 即合理使用条款。

❹ 关于此案二审的相关信息，请参见"世界版权法报告网站"，http://www.world-copyrightlawreport.com/Article/? r = 19&k = oslo.

若在司法实务中出现了合理使用与技术措施保护相矛盾的情况，我国应尽量维护公众合理使用的公共利益，避免版权人利益的无限扩张。当然，为维护版权人的合法权益，我国也不宜在立法中强制要求版权人确保社会公众能接触或能合理使用其受版权保护的作品；倘若将接触或合理使用作品规定为公众的一项正向权利，那么版权人为自己的作品设置访问密码也成为违法行为了。

二、合理使用空间被侵蚀对版权法平衡的破坏

事实上，技术措施保护不仅影响了合理使用制度施展拳脚的空间和舞台，而且在很大程度上破坏了传统版权法多年来苦心经营的平衡。在经历较长时间的历史沉淀后，合理使用制度才得以正式确立及完善，该制度存在的最大价值就在于对版权人独占性、垄断性权利的约束及抗衡，以及维护版权人的私人利益与社会公众的公共利益之间的平衡。然而，数字技术的普及以及技术措施保护极大地强化了版权人的技术优势和法律力量，使版权人拥有了巨大的控制社会公众接触或使用作品的能力，并加剧了版权人与社会公众之间力量对比的不平衡。退一步来讲，即使版权法未肯定对技术措施的保护，普通民众尚且不具备破解技术措施的能力，想凭借自己的力量避开或规避技术措施是很困难的。而严峻的现实情况是，技术措施受到版权法保护后，就连社会公众通过自己的能力规避技术措施的微小机会和可能性都被否决了，因为可能会触犯技术措施保护的反规避条款。

三、抑制技术措施保护对合理使用的消极影响

著名的美国网络法专家劳伦斯·莱格斯曾指出：任何使"合理

使用"成为非法的法律都将威胁公共利益或言论自由，最终侵蚀文化遗产。❶ "在理论意义上，合理使用不仅仅表现为对著作权的限制，更为重要的是合理使用原则还直接关系到公众言论自由等方面的宪法层面上的权利的实现。"❷ 合理使用问题事关多方面的公共领域和公共利益，涉及对文化的控制，必须慎重对待。

为了抑制技术措施保护对合理使用的不利影响，大部分国家都采取相关措施对技术措施的运用予以限制。比如，欧盟作了原则性规定，在特定条件下以合理使用为目的的规避行为是合法的。美国则是仅禁止针对控制接触的技术措施的直接规避行为，而不禁止针对控制使用的技术措施的直接规避行为。❸ 日本著作权法也不禁止直接规避技术措施的行为，且未将破坏技术措施的行为规定为非法。澳大利亚也是这样，为公众的合理使用留下了一定空间。从公众合理使用的角度来看，美国、日本和澳大利亚的这种平衡模式有其自身的优点，"这种定位较好地处理了公众合理使用作品与技术措施保护的关系"❹，值得我国考虑或借鉴。

在避免或减轻控制使用的技术措施对合理使用的不利影响方面，美国的部分做法和经验值得我们认真研究。首先是美国独具特色的定期评估制度。如前所述，美国 DMCA 规定并授权国会图书馆馆长每 3 年评估一次，并适时更新可构成控制接触技术措施保护的例外的作品的类型。这种具有相当灵活性的制度，既充分适应了技术的

---

❶ Lawrence Lessig［EB/OL］. http：//www. auroraforum. org, 2009 – 09 – 01.

❷ 郭禾. 规避技术措施行为的法律属性辩析［J］. 电子知识产权, 2004, (10)：16.

❸ 当然，美国虽然不禁止针对控制使用的技术措施的直接规避行为，但禁止与之相关的提供规避设备的行为。

❹ 孙雷. 由 Real DVD 案谈技术措施保护若干问题［J］. 知识产权, 2010, (1)：87 ~ 92.

迅速变革，又缓和了版权法律规范与版权的技术性规范即技术措施之间的制度性紧张关系❶，值得我国参考。其次，美国 2003 年提交国会的《数字媒体消费者权利法》等 3 个议案，也在一定程度上加强了对处于弱势地位的用户和消费者的利益的保护，为我们提供了一个新的视角。尤其是《增进作者利益且不限制进步或网络消费者需求法》，扩大了消费者对数字作品的合理使用和个人使用的空间和自由，还扩大了技术措施保护的例外范围。该法案不仅明确规定允许合法取得数字作品的消费者为了非侵权性使用的目的而规避技术措施，还规定允许其他人向消费者提供非侵权性使用所必需的规避技术措施的手段，只要权利人不能公开地利用必要手段在不增加成本的情况下满足其非侵权性使用的需要。

当然，我们也要看到，虽然美国的上述三个议案从不同角度在一定程度上弥补了美国 DMCA 未明确规定允许合法用户为合理使用目的而规避技术措施的缺陷❷，但非常可惜的一点是，无论是美国的上述哪种补救方式，似乎均未能真正地切中要害。毕竟，技术措施被采用后的受益人与用户、读者、消费者、公众之间存在的最大的不平衡乃在于，版权法仅禁止规避技术措施，却对滥用技术措施损害消费者利益、破坏竞争的行为置若罔闻，且不问技术措施本身以及技术措施采用行为的合理性问题。若不解决好后两个问题，恢复版权法的平衡是难上加难。

---

❶　Cohen，Julie. E. WIPO Copyright Treaty implementation in the United States：will fair use survive？[J]．E. I. P. R.，1999，(5)：236～237.

❷　有学者持相同看法，指出："虽然数字千年版权法为这一禁止性条款规定了诸多例外，但事实证明，没有明确规定合法用户为合理使用可以规避技术措施是数字千年版权法的一个明显缺陷。"宋红松．恢复版权法自身的平衡——介绍美国三个有关技术措施的新议案［A］．郑成思．知识产权文丛（第 10 卷）［C］．北京：中国方正出版社，2004：253.

第四节　技术措施与言论自由的冲突

作为一项政治权利和自由，言论自由几乎在各国的宪法或宪法性文件中均得到了肯定。但笔者认为，政治意义并非"言论自由"的全部价值。在当今信息社会中，言论自由更是已经成为每一个社会成员的基本需要：每个人均有自由发表意见和自由言论的权利和需求，这种言论自由权既包括持有意见而不受干涉，也包括通过任何媒体寻求、接收和分享信息和思想的自由。正如有学者指出的那样，"交流是一种基本的社会过程，是人类的基本需要，而且是所有社会组织的基础。它是信息社会的核心所在"。

一、技术措施保护与言论自由的冲突在司法实践中的反映

技术措施保护与言论自由之间的冲突，在各国司法实践中均有不同程度的反映。以下重点介绍美国和德国的两个典型案例。

（一）美国的 Universal City Studios Inc. v. Shawn C. Reimerdes 案

在该案中，作为 DVD 中普遍采用的一种保护系统的 CSS，被原告开发的软件 DeCSS 所破解。为此，原告被环球影业公司等美国 8 家电影公司诉至法院。原告主张被告违反了 DMCA 第 1201 条的规定，被告则提出了包括合理使用和言论自由在内的若干抗辩理由。关于"言论自由"，被告主张 DMCA 第 1201 条（a）的规定"违宪"，违反了美国国会保护"言论自由"的第一修正案。但法院认为，"提供此种规避工具的行为并不是发表'言论'，反倒更像是提供一把为打开银行保险柜而非法配置的钥匙的行为"❶。因此，法院

---

❶　111 F. Supp. 2d 294（S. N. D. Y. 2000）.

驳回了被告的"言论自由"这一抗辩理由。在该案中，法官显然是站在了维护版权业者权益的这一边。

（二）德国的 BMG Records and others v. Heise Zeitschriften Verlag 案[*]

在该案中，原告是一个权利人的组织。被告是一个网络新闻服务商，在网站上发表了一篇关于 Slysoft（位于安提瓜岛）所销售的"anyDVD"软件的文章。"anyDVD"软件可以实现对 DVD 技术中运用的反复制技术措施的规避。在该文章中，被告还提供了一个超级链接，可以直接连接到 Slysoft 的网站，作者能在 Slysoft 的网站上找到并且下载该软件。于是，原告起诉被告，请求法院对被告发表的文章及其提供的超级链接都处以禁令。一审法院对超级链接处以禁令，但驳回了对文章的禁令请求。双方均提起了上诉。原告主张，介绍和描述"anyDVD"软件的文章构成了对技术措施规避软件的广告，而这正是德国版权法所禁止的。被告则主张，该文章仅仅是对问题的叙述，应受言论自由的保护；在网络上提供通往其他网站的超级链接的行为属于在互联网上的言论自由，也应受保护。

该案的判决结果是维持了一审判决。对于驳回对网络文章的禁令请求，法院的理由是，该文章的主要作用是新闻报道而非对"anyDVD"软件的广告。至于维持对超级链接的禁令，是因为该超级链接有助于非法软件的输入和散布。

---

[*] 贝塔斯曼唱片公司等诉海泽杂志出版社一案，由德国慕尼黑高等法院（上诉审）审理（2005 年 7 月 28 日）。本书对该案的介绍，部分引用或参考了"中国 - 欧盟知识产权项目（二期）"的资料。阿兰·斯特罗威尔、雷塔·迈图利奥尼特. 版权网络侵权责任欧盟典型案例调研［M］. 25～26.

二、技术措施保护与言论自由之间冲突的解决

（一）美国法院的态度

Universal City Studios Inc. v. Shawn C. Reimerdes 一案突出反映了技术措施保护与言论自由的冲突。在美国，类似的案例还有不少，如普林斯顿大学爱德华·菲尔顿（Edward Felten）教授被控一案。那么，美国法院是如何对待这一冲突的呢？

美国的多数案例均表明，当法院在面临知识产权与表达自由之间的冲突时，知识产权经常优位于表达自由。[1] 事实上，DMCA 第1201 条的普遍适用已经对公众的自由表达等权利构成了威胁，美国学术界也意识到了这一点。[2] 如在美国政府诉 ElcomSoft 公司及斯科利亚诺夫一案[3]中，ElcomSoft 公司就指出：DMCA 第 1201 条（b）的实施涉嫌违反宪法第一修正案，限制言论自由；覆盖范围过大，禁止可被用于合法用途的技术。

另外，美国 DMCA 中的共同侵权条款[4]也常被版权人用于阻止科学家进行正常的学术交流或研究，严重损害表达自由。例如，美国录音工业协会（RIAA）就利用反规避条款迫使普林斯顿大学的两名研究者放弃了论文的发表，只因该论文描述了数字水印技术存在

---

[1] 朱美虹. 科技保护措施与对著作权保护之影响——以 Lexmark v. Static Control 为例 [EB/OL]. http：//www. copyrightnote. org/crnote/bbs. php? board = 35&act = read&id = 43，2011 - 06 - 14.

[2] Cho. ，Timothy M. Hollywood vs. the people of the United States of America：regulating high-definition content and associated anti-piracy copyright concerns [J]. The John Marshall Law School Review of Intellectual Property Law，2007，6（3）：525 ~ 549.

[3] 203 F. Supp. 2d 1111；2002 U. S. Dist.

[4] DMCA 第 1201（6）条。

的缺陷。❶ 尽管 DMCA 中存在加密研究例外的规定，但不幸的是，RIAA 的这种主张必须郑重考虑。

（二）德国法院的态度

在德国 BMG Records and others v. Heise Zeitschriften Verlag 一案中，我们似乎看到了与美国法院不同的态度。

在该案中，二审法院承认 DVD 技术包含了一个技术措施，而"anyDVD"软件是一个主要用于规避该技术措施的软件。不过，法院否定了由原告发表的文章构成对"anyDVD"软件的广告这一观点，因为该文章的基本目标并非促进 Slysoft 所销售的产品（"anyDVD"软件），而是为了报道"一个具有公共意义的问题"，即通过技术措施防止复制以及对他们的规避。这一意图可以从文章的内容反映出来，因为该文章不仅描述了"anyDVD"软件的功能，而且对其表现出一种批评态度，并强调这是被法律禁止的，还提供了第三人对该问题的评论。此外，法院还反驳了因该文章的发表实际参与或促进了技术措施规避软件的销售而产生出某种责任的观点。

不过，另一方面，由于被告为 Slysoft 网站提供了直接的链接，从而方便了与违法内容的联系，方便了对"anyDVD"规避软件的获取，被告还是要承担相应的责任；因为被告在明知的情况下促进了版权侵权，并且其行为与版权侵权有因果关系。

可见，德国法院在该案中认为，对超级链接发出禁令并不违反言论自由。"虽然设置超级链接通常属于言论自由的范围，但是对言论自由的限制也是正当的，因为本案中超级链接的主要功能不是为

---

❶ RIAA 声称，根据 DMCA 第 1201（6）条的规定，研究者不能公开披露他们的研究成果及其细节，因为它符合"与该人配合的人，知道其使用在于规避本节规定的技术措施提供的保护"，即该成果能提供给侵权人。

了提供这种信息，而是为了便于用户进入被链接的网站（附加功能）。”既然超级链接帮助了对专有权的侵权行为，就可以判定禁止超级链接是正当的。也就是说，德国法院认为，被告发表该文章属于言论自由的范围，不应颁发禁令；但其提供超级链接的行为，虽然一般而言也被视为言论自由，但在此背景下的“言论自由”必须受到限制，以服从于维护版权人权益的正当、合法目的。

（三）我国的解决之道

笔者认为，美国大多数法院的做法都过于偏重和强调对版权人利益的维护。实际上，在 Universal City Studios Inc. v. Shawn C. Reimerdes 一案中，法官对“言论自由”这一抗辩的驳回理由并不是滴水不漏、无懈可击的。倘若抛开电影产业的利益不谈，单纯就被告在网络上发布代码的行为而言，似乎很难说其不属于发表言论的行为。❶ 倘若所有法官都如此偏重于维护电影业等版权产业的利益，忽视社会公众的言论自由权，那么必将导致版权人的权利极度扩张，在实践中产生难以估量的危害。相反，德国法院在 BMG Records and others v. Heise Zeitschriften Verlag 一案中的辩证态度和严谨思维，是值得我们认真研究和参考的。

言论自由是宪法所保障的公法上的一项基本权利，而版权是版权法所规定的一项私权。如果对技术措施的保护范围过于广泛，延伸或者扩展至包括对技术措施破解方法等技术信息的公布、发表或

---

❶ 举一个不太恰当的例子：假设某人在网络上发表了一篇关于如何侦破入室盗窃案的非纪实性作品，其中涉及对部分作案手法的详细描述，以致有犯罪分子采用该作品中的相关作案方法实施了犯罪行为，那么，能否就此认定该作者构成犯罪行为呢？比如说，将其认定为共犯之一或者是传授犯罪方法的教唆犯。显然，在没有确切证据证明该作者具有犯罪的主观意图——比如教唆他人犯罪、传授犯罪方法或者某种共同犯罪的主观心态——的情况下，是不能武断地下结论的。在该作者被推定为无罪的情况下，其发表作品的行为又何尝不是言论自由的体现呢？

提供等行为的禁止，那么就很可能对言论自由造成妨碍或不良影响。当版权法对技术措施的保护与社会公众的言论自由发生冲突时，必须认真权衡版权与言论自由权所代表的法益，尽量予以协调。言论自由是需要捍卫的，反映了宪法上的最高权利和最高原则，但在某些特定的情况下，言论自由也需要受到一定的限制。我们的重点任务之一是合理地确定言论自由在何种情况下应当受到限制，让步于对版权的保护。为调和两者的冲突或矛盾，应善用合理使用这一制度，使版权人能享有对其作品的权利，而版权人以外的人能享有参与社会文化、分享文明成果、利用信息及自由言论等基本权利。

第五节　技术措施对竞争秩序及消费者福利的影响

已有案例表明，技术措施的版权法保护很容易被版权人利用而作为垄断相关产品或者零配件市场（如捆绑销售）、妨碍正当竞争秩序的工具。在这种情况下，不仅其他竞争者的正当竞争利益时常遭到侵害，而且消费者福利往往也被减损，甚至有时候消费者的合法权益（包括隐私权）或者选择自由也无法得到保障。为此，有学者开始关注并探讨对部分技术措施采用者的反垄断审查问题。❶ 具体而言，技术措施的广泛使用至少可能会给消费者造成两个方面的不利或障碍：（1）妨碍消费者以合理方式、出于个人目的以及非商业目的利用、加工或处理信息的自由；（2）妨碍消费者以自己所期望的方式使用其合法获得的信息。

---

❶　例如，在数字电视机顶盒以及机顶盒共享器的相关争议中，有学者提出，应当对"一机一盒"的经营模式进行反垄断审查和相关考量，广电组织是否滥用市场支配地位也是一个值得探讨的问题。张宇庆．以机顶盒为例对技术措施规制相关法律问题的分析——兼谈基于环保的企业经营自由之限制［J］．科技与法律，2012，99（5）：38~42．

一、技术措施保护对竞争的影响

借着技术措施被纳入版权法保护的东风，不少厂商打起了利用技术措施的法律保护实现捆绑销售、垄断市场或妨碍竞争等目的的主意。这一现象在国内和国外均存在。例如，在美国的 Chamberlain Group，Inc. v. Skylink Technologies，Inc. 一案中，Chamberlain 公司试图利用法律对技术措施的保护来阻止竞争对手 Skylink 公司开发与自己的产品相兼容的零配件，从而阻止正当竞争，获取不正当的垄断性利益。❶ 又如，在美国的 Lexmark International，Inc. v. Static Control Components，Inc. 一案中，Lexmark 公司对于因 SCC 的芯片制造行为所成全的第三者（其他墨粉盒制造厂商）能在墨粉盒市场上参与竞争这一结果耿耿于怀，因为这将直接导致自己的竞争优势被削弱，垄断性地位不再。为了将这些竞争者排除在市场之外，Lexmark 公司以 DMCA 为武器，利用其中的技术措施保护条款大做文章。与此同时，在我国也有类似案例，如北京精雕科技有限公司诉上海奈凯公司著作权侵权纠纷案，就涉及利用技术措施实现产品捆绑销售的情况。

技术措施保护的立法本意是给版权人增加一个盾牌，以避免其版权遭受侵害。因此，凡是并非出于维护版权的目的而为的对规避技术措施的禁止，均不应得到法律支持。尽管在上述三个案例中，原告最终均未能达到自己的目的，但这些案例清楚地表明了利用技术措施限制竞争的可能性：产品的生产者完全有可能在产品中植入一个计算机程序作为技术措施，再凭借法律对技术措施的保护来防

---

❶ 王迁. 滥用"技术措施"的法律对策——评美国 Skylink 案及 Static 案［J］. 电子知识产权，2005，（1）：43.

止其他竞争者进入相关市场，或者强化、巩固自己的市场地位。从反垄断法的角度看，这些原告的行为非常有必要予以制止。

客观地讲，我们并不能排除上述案例中的原告有试探司法的嫌疑。因此，司法机关在实践中必须从严把握技术措施的保护条件和保护范围，否则一不小心就可能对这类原告产生鼓励效果，使技术措施反规避保护条款沦为生产厂商垄断配件市场、实行捆绑销售的工具，进而导致正当竞争秩序的被破坏。当然，美国上述两个案例的结果已经反映了司法机关的否定态度，"今后产品制造商们就不能仅仅依靠禁止规避'技术措施'的法律规定，通过在产品和配件中加入计算机程序和'技术措施'的方法，阻止竞争对手生产与其产品相兼容的配件了"❶。

二、技术措施保护对消费者福利的影响

（一）消费者福利的减少——以美国典型案例为例

1. 案例1：Chamberlain Group, Inc. v. Skylink Technologies, Inc. *

（1）案情简介。

原告是一个电子车库门锁制造商，其产品含有车库大门开启系统，该系统由一个遥控器和安装在车库大门上的"开启系统"组成。该开启系统包含一个由信号处理软件控制的"信号接收器"和一个用于开启和关闭车库的马达。为开启或关闭车库门，使用者必须使用遥控器，由其向开启装置中的信号接收器发送信号。开启装

---

❶　王迁．滥用"技术措施"的法律对策——评美国 Skylink 案及 Static 案 [J]．电子知识产权，2005，（1）：45.

＊　381 F. 3d 1178（Fed. Cir. 2004），以下简称 Chamberlain 案。

置接收到被认可的信号后，信号处理软件就会指挥马达开门或关门。原告之前所生产的车库大门开启系统对遥控器的类型并无特定要求，而被告 Skylink 公司是通用遥控器的生产商。当用户原来的遥控器坏后，可从被告处购买与原告的遥控器相兼容的通用遥控器加以替换。然而，原告后来又开发了一种"安全型车库大门开启系统"以及与之配套的遥控器。该系统中包含了一套被称为"滚动代码"的计算机程序，可以不断改变为开启车库大门所需要的遥控信号。被告随后则开发出了与该产品系统相兼容的"39 型遥控器"，该遥控器并不使用原告的滚动代码程序，却能发出可被车库大门信号接收器所接受的遥控信号，起到与安全型车库大门开启系统相兼容的作用，可以替代原告的遥控器。❶

基于被告的上述行为，原告将被告诉至法院。原告认为，安全型车库大门开启系统中的遥控器和开启装置中均含有计算机程序，滚动代码程序是一种控制使用这些程序的技术措施；而被告制造的"39 型遥控器"主要是为了规避作为技术措施的滚动代码程序而设计的，除了规避用途外，只有有限的商业意义，且被告销售"39 型遥控器"的目的即规避原告产品内的技术措施，因此被告违反了 DMCA 关于禁止销售技术措施规避工具的规定。

该案一审法院判决原告败诉，二审法院也维持了一审判决。美国联邦上诉法院认为，DMCA 第 1201 条（a）（2）关于禁止规避技术措施的规定"仅适用于与受保护的版权合理相关的规避行为"，也就是说，所提供的规避工具致使他人实施与版权有关的行为（比如版权侵害行为）时，规避者和提供规避工具者才应承担法律责任。

---

❶ 王迁. 滥用"技术措施"的法律对策——评美国 Skylink 案及 Static 案 ［J］. 电子知识产权，2005，（1）：43.

关于原告的用户的行为的性质，联邦上诉法院的法官作了如下精辟分析：购买了"车库大门开启系统"的消费者对电子车库门锁拥有使用权，也就自然拥有使用其中的软件的权利。该使用权包括利用任何工具开启该门锁的权利，如何利用是所有权人的事。虽然原告的消费者利用被告提供的万能门锁开启器，通过规避技术措施而开启车库门锁，但因为开锁属于原告的消费者的使用权，因此原告的消费者规避该技术措施而开锁的行为与版权的侵害没有重大关联。所以，在原告进一步证明规避行为与版权侵害之间的关联之前，法院认为原告的上诉是无理由的。❶

（2）对该案的评析。

在 Chamberlain 案中，表面上看，被告似乎违反了 DMCA 第1201 条（a）（2）关于技术措施保护的规定，成为替原告的用户提供相关规避工具的"帮凶"。但若深入分析，不难发现，原告的用户的规避行为以及被告提供设备、"帮助规避"的行为的目的并不具有非法性——版权侵害性。首先，作为购买了安全型车库大门开启系统的消费者，原告的用户理所当然地享有对该产品及其内部的计算机程序等硬件、软件的所有权和使用权。显然，消费者购买被告的"39 型遥控器"，其目的仅在于恢复、实现对自己财产的正常利用而

---

❶ Chamberlain Group, Inc. v. Skylink Technologies, Inc., 381 F. 3d 1178, 1204 (Fed. Cir. 2004)：…Chamberlain neither alleged copyright infringement nor explained how the access provided by the Model 39 transmitter facilitates the infringement of any right that the Copyright Act protects. There can therefore be no reasonable relationship between the access that homeowners gain to Chamberlain's copyrighted software when using Skylink's Model 39 transmitter and the protections that the Copyright Act grants to Chamberlain. The Copyright Act authorized Chamberlain's customers to use the copy of Chamberlain's copyrighted software embedded in the GDOs that the purchased. Chamberlain's customers are therefore immune from §1201 (a) (1) circumvention liability. In the absence of allegations of either copyright infringement or §1201 (a) (1) circumvention, Skylink cannot be liable for §1201 (a) (2) trafficking…

不在于侵犯版权。因此，消费者利用任何工具开启车库门锁，包括利用被告提供的规避工具实施规避行为的行为，都是行使所有权和使用权的合法行为；而且，由于该规避行为没有、也不会对原告根据版权法享有的任何权利产生不利影响，所以消费者的规避行为是合法的使用行为，不具有可责难性。其次，在适用 DMCA 第 1201 条（a）（2）时，规避行为对版权人版权的侵害性是提供规避工具者承担相应法律责任的前提条件。既然消费者的规避行为属于合法行为，就丧失了适用 DMCA 第 1201 条（a）（2）的前提，因此被告"提供规避工具"的行为也不构成对 DMCA 的违反。

关于消费者的利益，该案二审法院指出，消费者对其购买的产品以及相关软件的使用权是原告无权撤销的，消费者有权自主决定使用哪种遥控器来开启系统，即使通过规避技术措施的手段来使用该系统，也不构成违法或侵权行为。笔者认为，倘若法院支持原告的诉讼请求，对技术措施予以过度保护，就意味着消费者与被告一起实施了共同侵权行为；若被告制造此类遥控器的行为被禁止，就意味着消费者只能使用 Chamberlain 公司生产的该产品中配套的遥控器，而不能使用其他公司生产的通过规避技术措施而与该产品相兼容的遥控器了。这样一来，消费者就丧失了一定的选择自由，甚至连如何使用自己享有所有权的财产的自由都没有了。

笔者认为，美国上述法院在该案中比较注重和强调规避行为与版权侵害之前的重要关联和合理关联。对美国法院而言，这种理性和谨慎态度实属难能可贵，殊值赞同。

2. 案例 2：Lexmark International，Inc. v. Static Control Compo-
nents，Inc. ❶

（1）案情简介。

原告 Lexmark 公司在其生产的打印机上采用了某种技术措施，使打印机必须在接收到墨粉盒上的计算机芯片所传输的认证序列号后才能启动打印工作。因此，购买了该种打印机的消费者只能使用原告生产的墨粉盒而无法使用其他厂家较便宜的墨粉盒。被告 SCC 公司生产了一批可发出相同认证序列号的芯片并提供给其他墨粉盒制造商，使后者生产出能在原告的打印机上使用的墨粉盒。为此，以 SCC 公司销售了能规避其打印机芯片上的认证序列号的芯片为由，Lexmark 公司起诉 SCC 公司，称其违反了 DMCA 关于提供规避防止接触的技术措施的工具的规定。原告认为：打印机中有若干受版权法保护的计算机程序，自己采用控制接触的技术措施，使得打印机的进纸、走纸、打印等程序全靠墨粉盒上发出的认证序列号来激活；而被告生产了能规避该技术措施的芯片，使其他厂家的墨粉盒能接触并激活这些计算机程序，被告的行为显然是违反 DMCA 第 1201 条的。

2003 年 3 月，该案一审法院的卡尔·福雷斯特（Karl Forester）法官判决原告胜诉并颁发禁令，禁止被告销售与原告墨粉盒上的计算机芯片相兼容的芯片。但二审法院推翻了一审判决。二审法院认为，原告生产的打印机的芯片上的认证序列号并非适格的技术措施，原告利用该芯片的目的并非防止他人对启动程序的接触，而是为了控制打印机的打印功能。应当认为，就替换使用其他厂商的墨粉盒而言，该种打印机的购买者已经享有版权人的默示授权，因此，被

---

❶　387 F. 3d 522，546 – 47（2004），以下简称 Lexmark 案。

告的行为并未违反 DMCA 的相关规定。❶

（2）对该案的评析。

与 Chamberlain 案类似的是，Lexmark 案的原告企图将对技术措施的保护扩大到对零配件市场（after-market）的控制，并利用美国 DMCA 指控竞争对手规避了其产品打印机中的技术措施。

虽然原告未能如愿，然而，倘若原告所采取的技术措施在技术上一时无法破解，则仍然存在着利用技术措施限制竞争的可能性。假设该案的最终裁判结果是原告胜诉，那么无论是从法律角度还是从现实的可能性来看，消费者都不能购买其他厂商生产的不同价位的墨粉盒，也不可能在原告公司制造的打印机上使用其他厂商的墨粉盒。这将导致消费者的使用权在很大程度上受限制，几乎完全失去了选择自由。❷

从消费者权益维护和竞争法的角度来讲，若能实现并确保电子、数码产品零配件的兼容性或互通性，受益最大的将是消费者；然而，大部分制造商均不愿意为消费者带来这种福利，而是绝不轻易放过每一个牟取不正当的垄断性利益的机会，正如在 Lexmark 案中看到的那样。这无疑是一种技术霸权！Lexmark 案所涉及的利用对技术措施的法律保护来垄断市场、破坏正当竞争等问题，凸显了技术措施保护可能产生的负面影响，应当引起我们的高度重视。

---

❶ "By buying a Lexmark printer, the customer acquires an implied license to use the Printer Engine Program for the life of that printer." See Lexmark International, Inc. v. Static Control Components, Inc. , 387 F. 3d 563 ~ 564（2004）.

❷ Lexmark International v. Static Control Components, No. 02 – 571 – K5F E. D. Ky. Dec. 30, 2002.

3. 案例 3：Sony Computer Entertainment America，Inc. v. Gamemasters*

在该案中，原告美国索尼娱乐公司在其销售的操作台设备中使用了一种安全系统（一种技术措施）。该系统有两种功能：一是阻止在视频游戏操作台中使用盗版的视频游戏；二是限制所使用的合法购买的视频游戏的来源地，也就是说，用户必须在同一个地区购买操作台和视频游戏，才能在视频游戏的操作台中正常使用视频游戏。但被告的产品"游戏加强器"能够规避原告的视频游戏产品中的地域代码机制这一技术措施。为此，一审法院判决，向被告颁布禁令；无论被告或其用户是否实施了真正的侵犯版权的行为，就算只是单纯地发行所谓的"游戏加强器"❶，也违反了 DMCA 第 1201 条(a)(2)的规定。在上诉时，上诉法院维持了一审法院的判决。

从上述三个案例来看，Chamberlain 案和 Lexmark 案均涉及产品的兼容问题。一般来说，产品及其零配件的兼容性越高，越有利于形成充分的竞争；而竞争越是充分，对消费者而言就意味着越多的福利和实惠。相反，兼容性越差，消费者就越没有选择的自由。可见，对技术措施的保护程度越高，就越有可能加剧产品的非通用性或非兼容性，意味着产品制造商对消费者更多、更有力的控制，对消费者而言这显然不是好事。而在 Sony Computer v. Gamemasters 案中，被告所开发的产品"游戏加强器"显然会给消费者带来福利，但法院的一纸禁令却否定了这种可能性。

值得注意的是，美国法院在处理与消费者福利有关的 Chamberlain 案和 Lexmark 案时，采用了一种巧妙的解释——"版权默示授

---

* 87 F. Supp. 2d 976（N. D. Cal. 1999），以下简称 Sony Computer v. Gamemasters 案。
❶ 该设备的主要功能是规避用于限制在特定地区使用视频游戏的代码。

权",认为在消费者购买某产品后延伸出了版权人的默示授权,消费者在版权人的默示授权范围内所为的规避行为不构成对技术措施反规避条款的违反。例如,Lexmark 案的二审法院认为,打印机的购买者就其置换其他厂商的墨粉盒享有版权人的默示授权,并不违反美国版权法的相关规定。**❶**

（二）在相关设备产业及标准中的体现

技术措施的保护有可能涉及相关设备产业中的某些标准问题,因为大部分技术措施作用的发挥对硬件设施是有要求的,尤其是某些通讯、数码产品的设计或制造方面。在处理技术措施保护与相关设备产业发展之间的关系时,笔者认为,不应因过度保护技术措施而影响相关设备产业的发展,更不能因此而减损消费者福利。

以美国为例,在立法和司法实务中,美国似乎倾向于支持相关设备产业,而非技术措施的保护。美国 DMCA 规定,技术措施的保护不得要求消费性电子、通讯、计算机产品或其零部件的设计对技术措施作出回应,只要该产品或其零部件本身不属于为了保护技术措施须禁止的对象。**❷**

与此同时,American Library Association, et al. v. Federal Communications Commission**❸**一案（以下简称"广播旗帜"案）也反映了司法机关的类似态度。2003 年,美国联邦通讯委员会通过了"数字广播内容保护:报告、命令和建议性规则",该规则指出,"随意转播广播节目将会打击广播组织提供更高质量节目的积极性,而基于

---

❶ Lexmark International, Inc. v. Static Control Components, Inc., 387 F. 3d 563 ~ 564 (2004). "By buying a Lexmark printer, the customer acquires an implied license to use the Printer Engine Program for the life of that printer."

❷ 17 U. S. C. § 1201 (k), (c) (2002).

❸ 406 F. 3d 689, (C. A. D. C. 2005).

ATSC flag 技术的'广播旗帜'保护系统能够使数字广播电视的内容不被任意再传播"❶。也就是说，"广播旗帜"是被植入数字电视广播信号中的一种数字编码，相关权利人可利用其控制节目的再传播，其性质属于一种技术措施。根据这一规则，联邦通讯委员会要求所有的数字电视接收装置及其他接收数字电视广播信号的设备在2005年7月1日后必须包含能识别"广播旗帜"的装置。该规则一旦被执行，将导致相关设备产业不得不调整相关技术标准，而且使社会公众对广播节目的收看、欣赏等受到极大限制，用户购买数字播放、录制设备的需求也会相应减少。❷ 考虑到该规则的潜在影响，美国图书馆协会及部分消费者权益组织提起诉讼，要求对该规则进行司法审查。后来，法院以"广播旗帜是在信号被接收后被相应设备激发，而联邦通讯委员会无权对信号接收后的行为作出规定"为由判定联邦通讯委员会无权通过此规则。从表面上看，该案似乎涉及美国联邦通讯委员会制定规则的权限问题，但本质上反映了相关设备生产企业及公众的利益与广播组织及其他权利人的利益的较量。最终，相关设备生产企业和公众的利益取得了胜利。有学者对此案的判决给予高度评价，指出虽然 Flag 只是一个技术措施，但却对相关产业和公众利益直接造成了影响，此类技术措施的适用必须受到严格限制。❸

---

❶　U. S. Federal Communications Commission. Digital Broadcast Content Protection, Report and Order and Further Notice of Proposed Rulemaking. 18 FCC Rcd 23550 (2003), para. 4. 转引自孙雷. 邻接权研究 [M]. 北京：中国民主法制出版社，2009：252.

❷　Ezra, Lisa M. The Failure of the Broadcast Flag: Copyright Protection to Make Hollywood Happy [J]. Hastings Communications and Entertainment Law Journal, 2005, 27：403.

❸　Kaplan, Debra. Broadcast flags and the war against digital television piracy: a solution or dilemma for the digital era? [J]. Federal Communications Law Journal, 2005, 57：344.

（三）在兼容问题上的体现及其他

为锁定自己的垄断性利益，实践中发展出种种排斥兼容性的商业模式，这在录音制品行业比较常见。比如，商家完全可以在特定的播放设备中嵌入某软件或程序，再在作品或邻接权客体中植入某技术措施，而该技术措施仅仅受该播放设备中该软件或程序的控制，或者仅能与该软件或程序相兼容；这样一来，受该技术措施保护的作品或邻接权客体就只能在该设备上播放或显示。消费者要想获得、接触或欣赏这些作品或邻接权客体，就必须先获得包含该软件的设备。利用技术措施，商家可以轻松实现版权客体与硬件设备一一对应的控制模式或商业策略。对该商家而言，希望能借助对技术措施的法律保护实现自己的垄断性利润；但对消费者和其他竞争者而言，却不是一种福音。

1. Apple 公司的"iPod 播放设备 + iTunes 录音制品"模式

在各种排斥兼容性的商业模式中，Apple 公司推出的"iPod 播放设备 + iTunes 录音制品"模式是一个典型代表。凡是从 Apple 公司的 iTunes Music Store 在线购买的录音制品，只能在 iPod 播放器上播放，而其他公司无法获得 iTunes 程序的源代码，不能实现兼容。"iTunes + iPod"是一种仅能由特定设备播放的录音制品的在线销售模式，该商业模式取得了巨大成功。对录音制品制作者及相关权利人而言，该模式能很好地维护其利益，然而消费者却丧失了选择播放设备等自由，且客观上造成了对竞争的限制甚至垄断。

由于涉及与技术措施有关的兼容性等重要问题，Apple 公司的"iTunes + iPod"在线销售模式引起许多国家（尤其是消费者权益保护组织）的关注，其中包括不少反对和抵制的声音。例如，挪威、瑞典等欧洲国家的许多消费者权益保护组织都要求 Apple 公司去除

其销售的录音制品上的技术措施限制；英国录音工业贸易协会
（British Recording Industry's Trade Association）则明确提出，要求
iTunes Music Store 在线销售的录音制品必须与其他可移动的播放设
备相兼容。❶ 法国也在自己的版权立法中对该问题作了明确规定。❷

Apple 公司的上述商业模式在美国本土也遭到了强烈抵制，2006
年在美国加州遭遇的集体诉讼就是一个集中反映。由于消费者在进
行付费下载之后，发现只能使用该公司开发的 iPod 播放器进行播
放，法院最终判定 Apple 公司实质上是利用技术手段、滥用市场支
配地位，其行为构成垄断，判令其向消费者进行赔偿。

2. 我国北京精雕公司案中的"捆绑销售"

在我国，直接涉及技术措施保护的案例可谓非常少，但也出现
了与兼容问题有关的案例，如北京精雕公司案。❸

在该案中，原告主张自己采取了某种技术措施用于保护自己享
有版权的计算机软件，并不断提高了加密强度使该计算机软件不被
他人非法使用，目的在于确保该软件仅仅能与原告生产的雕刻机的
数控系统相兼容、确保该软件仅能在其雕刻机的数控系统中使用；
被告则被指称规避、破解了原告的技术措施，构成对原告计算机软
件版权的侵犯。一审法院判决驳回了原告的诉讼请求，原告提起上
诉；二审法院则驳回了上诉。在该案审理过程中，一审法院认为，
Eng 格式数据文件中包含的数据和文件格式不属于 JDPaint 软件的程
序，不属于计算机软件的保护范围。被告开发的软件能读取 Eng 文

---

❶　Crampton, Thomas. Apple faces fresh legal attacks in Europe, 2006 ［EB/OL］. ht-
tp：//www. nytimes. com, 2009 – 01 – 19.

❷　法国的版权立法经历了多次修改，最新一次修改是在 2009 年 10 月 28 日。见《法
国知识产权法典（法律部分）》（根据 2009 – 1311 号法最新修改）。

❸　可参考前文对该案的介绍。

件实质上是软件与数据文件的兼容，所以该软件接收并能读取 Eng 文件并不构成侵权❶；二审法院却认为，原告的 Eng 格式文件不属于"技术措施"，因其功能是完成数据交换而非对 JDPaint 软件予以保护，目的是排除 JDPaint 软件的合法取得者在其他数控系统中使用该软件的可能，因此，被告的破解行为不构成故意避开或破坏技术措施的侵权行为。

这个案例折射出了以原告为代表的部分市场主体企图利用技术措施这一技术手段及其法律保护的武器来实现自己产品不兼容以及捆绑销售的目的。在该案中，由于法院成功地识别并认定：Eng 格式文件本身并不属于"技术措施"、不属于技术措施反规避保护的对象，才驳回了原告的诉讼请求。然而，一旦非兼容性产品设计或经营模式被披上了"技术措施"的合法外衣，毋庸置疑的是，技术措施反规避保护必将成为阻碍兼容性的一个重要因素。而这一点，显然应当成为我们技术措施保护制度在设计时必须重点考虑并尽力避免的一个消极方面。

3. 数字机顶盒和机顶盒共享器

我国目前基本实现了数字电视的全面覆盖，在广播电视网、电信网、互联网"三网融合"的背景下，对于每一台电视播放设备而言，配备机顶盒等设备成为一种必需。IPTV 的机顶盒是 IPTV 的关键设施产品，终端机顶盒相当于一台带有嵌入操作系统的计算机，

---

❶ 黄武双，李进付. 再评北京精雕诉上海奈凯计算机软件侵权案——兼论软件技术保护措施与反向工程的合理纬度［J］. 电子知识产权，2007，（10）：58.

计算机的一些基本功能在机顶盒上有所体现。❶ 然而，基于种种原因（尤其是经营利益的考虑），"一机一盒"是广电组织和数字电视网络运营商所普遍采用的经营模式。

不过，市场需求酝酿出了新产品。近日市场上出现了一种所谓的"机顶盒共享器"，打破了一般机顶盒上被施加的"一机一盒"的技术控制，从而引发了争议。数字电视网络运营商和相关利益方认为，共享器是对机顶盒中的技术措施予以规避和破解的专门性设备，出售该共享器是规避他人技术措施的商业行为，属于版权侵权行为，应禁止制造或出售。广大数字电视的消费者和共享器的生产、销售商则认为，不构成版权侵权，问题没有那么严重。

笔者认为，在判定机顶盒共享器的性质之前，我们有必要先对市场上的几种主要的机顶盒共享器产品进行相关了解。据介绍，目前市场上较典型的机顶盒共享器有三种：第一种是不能独立选台的机顶盒共享器，实质是一个音视频信号分配器，没有能直接发送或接收智能卡用户信息的接口，不同房间内的几台电视机在同一时间只能收看到相同的节目或内容，此种共享器基本上不影响版权人的市场利益，或者，影响是很小的；第二种是能独立选台的共享器，与第一种相比，不同房间内的几台电视机不仅共用一个机顶盒，而

---

❶ 机顶盒类似于一台计算机，具有数据交互功能。其有两个接口，一个连接计算机网络，另一个连接电视机或其他终端设备。机顶盒一方面从网络上接收数据，另一方面通过其转换功能将接收到的数据转换成电视信号。机顶盒包括硬件和软件两大组成部分，硬件设施主要有核心控制单元、媒体处理单元、网络通信接口、控制接口、媒体播放接口和各类外设扩展接口，其中机顶盒最重要、最核心的部分则为核心控制单元中的中央处理器（CPU），其次是媒体处理单元。而软件包括资源层、中间解释层、应用层，资源层是进行模块处理的各个子程序、接口驱动程序及对硬件进行驱动的操作系统。中间解释层是将终端用户输入的和各种应用程序的指令进行转换，再生成 CPU 可能识别的代码。应用层则是下载应用程序和内置应用程序。

且相互独立、互不影响，在同一时间内完全可以收看不同的节目内容；第三种是部分未经认证的技术服务商为酒店等经营场所提供的特殊共享设备，"将数字电视节目信号处理后输入原有的闭路电视网内，实现所有房间的信号共享"❶。

客观地说，从数字电视机顶盒的工作原理和主要作用来分析，比照我国法律法规对"技术措施"定义和条件等的规定，应当承认，机顶盒及其内部的技术手段符合"技术措施"的定义和条件，应当受我国《著作权法》的保护。但是，上述三种机顶盒共享器和相关行为的性质理应有所不同。笔者认为，须结合共享器的使用范围、对版权人或邻接权人利益的潜在影响等因素综合考量。第一种共享器对版权人和邻接权人的经济利益影响非常小，加上其绝大部分应用于"家庭范围"内，可算作"个人使用"范围内的合理使用，因此，不宜被认定为侵害版权的技术措施规避（或破解）行为，故不宜被认定为版权侵权行为。对于第二种共享器，一般认为，这种程度的使用方式本身已经超越了合理使用的范围，且将对版权人或邻接权人的经济利益产生较大影响，会造成其他不当损害，因此，可被认定为应予以法律规制的技术措施规避行为。至于第三种共享器，显然已突破个人使用或家庭使用的范围，不属于合理使用，而是商业经营主体所实施的技术措施规避行为，且对版权或邻接权将造成实质侵害，利益影响十分严重；因此，第三种共享器应受规制，酒店等经营场所、共享器设备及服务提供者构成共同侵权。

从数字电视机顶盒及共享器引发的上述争议不难发现，"一机一盒"的经营模式正是市场中技术实力较雄厚的一方以技术手段为工

---

❶ 张宇庆. 以机顶盒为例对技术措施规制相关法律问题的分析——兼谈基于环保的企业经营自由之限制 [J]. 科技与法律，2012，99（5）：38~42.

具而实现的，可见，技术措施及反规避保护制度本身完全有可能被某些主体利用以实现经营管理、获取商业利润甚至垄断市场等保护版权以外的目的。以第一种机顶盒共享器为例，倘若遭到广电组织或数字电视网络运营商的攻击，被指责为技术措施的规避（或破解）行为、版权侵权行为从而被禁止制造或使用，首当其冲的受害者显然是广大消费者。可见，此间的利益权衡和平衡问题，需要我们的立法者和司法者小心把握、谨慎判断。

4. 视频播放中（前）的广告屏蔽工具及行为

如果说数字电视机顶盒及共享器是前几年出现的老问题，那么视频播放过程中（包括视频内容正式播放之前）的广告屏蔽或拦截问题，则是最近我国的热门话题❶了。前者是要利用技术措施实现并维持"一机一盒"的经营模式，而后者则试图借助技术措施达到捍卫该种商业模式的目的。不同之处在于，数字电视机顶盒所保护的显然是数字电视的信号以及节目内容等，其属于版权法上的"技术措施"这一性质毋庸置疑；而视频网站上视频播放过程中的广告或者视频内容正式播放前的广告，相关技术手段的性质是否属于版权法上的技术措施，则不甚明确，尚需具体分析，而且广告屏蔽（或拦截）工具是否属于技术措施规避（破解）工具也是一个问题。倘若在占据少数的特定条件或场合下，将其认定为受版权法保护的技术措施，那么广告屏蔽（或拦截）行为会被认定为规避技术措施，

---

❶　例如，腾讯科技（深圳）有限公司、深圳市腾讯计算机系统有限公司诉北京奇虎科技有限公司、奇智软件（北京）有限公司不正当竞争纠纷案，北京奇虎科技有限公司诉腾讯科技（深圳）有限公司、深圳市腾讯计算机系统有限公司滥用市场支配地位纠纷案，分别参见广东省高级人民法院（2011）粤高法民三初字第 1 号、第 2 号民事判决。虽然这几个案例的案由基本上是不正当竞争或滥用市场支配地位（涉嫌垄断），但也涉及技术措施的运用以及用户是否可以规避等相关问题。

规避工具（如浏览器）也会被禁止提供。可以预见，这将在很大程度上影响消费者或观众的选择自由和选择权。

三、抑制上述消极影响的建议

笔者建议，在此类性质不甚明朗但对消费者利益攸关的特殊场合，我们应当严格、慎重把握对技术措施的认定，限制受反规避保护的技术措施的具体范围。鉴于技术措施保护对产品、技术兼容性的潜在消极影响，我们必须予以防范和抑制。

值得注意的是，在法国《信息社会中作者权和相关权法案》（DADVSI 法案）❶ 中，对技术措施的限制和规制是重点内容；其中也包含了前述对"iTunes + iPod"商业模式的规制问题。首先，该法案第 13 条规定，技术措施原则上须具有兼容性，技术措施的提供者应提供兼容的基本信息；其次，该法案还决定成立专门的技术措施管理机构，其主要职责包括在实践中确保不因技术措施的不兼容而对访问作品、表演、录音制品、录像制品或传媒企业节目造成妨碍。倘若无法获得与相关程序相兼容的信息，软件编辑者、信息系统制作者及服务提供者（不包括消费者）可以向该机构申请帮助或救济——向该机构申请从相关权利人处获得实现兼容所需的基本信息，包括访问受到技术措施限制的作品或制品的电子信息。权利人不能拒绝公开相关兼容信息，除非有证据证明兼容信息的使用者将对技术措施的有效性和安全性造成重大妨碍。而且，该机构还有权采取强制措施使申请者获取所需的基本信息，并有权对不执行强制措施者作出处罚。

---

❶ 为使本国的相关立法与欧盟的《信息社会版权指令》相一致，法国于 2006 年 6 月通过了《信息社会中作者权和相关权法案》（以下简称 DADVSI 法案）。

因此，对于 Apple 公司的"iTunes + iPod"这种不利于消费者的商业模式，根据法国 DADVSI 法案的上述规定，其他的录音制品播放设备制作者完全可以向该机构提出申请，要求 Apple 公司公开其技术措施的源代码，从而制作出与 iTunes 录音制品相兼容的播放设备，与 iPod 播放设备展开竞争。

笔者认为，法国充分关注了与技术措施有关的兼容问题，并在立法中对如何避免因技术措施保护导致的垄断危险、技术措施保护对竞争秩序、消费者福利的负面影响等作了明确规定。尤其是，法国的上述规定能有效避免包括播放设备生产企业在内的技术措施采用者的垄断，有利于增加消费者选择和消费者福利。对于相关规定比较欠缺的我国而言，法国的立法无疑具有重要借鉴意义。

第六节　小结

不可否认的是，技术措施已成为现今版权保护的基本技术手段。在数字技术背景下，离开"技术"来谈任何版权保护模式都是不现实的，技术以及技术措施在版权制度的未来模式中必将居于重要位置。然而，由于技术措施具有较强的规制性和影响力，牵涉面甚广，若单方面强调版权法对技术措施的保护，不注重对技术措施运用的限制或者技术措施保护的例外，则不仅可能导致版权制度原有平衡的破坏，还将难以避免其对信息获取、科技发展、合理使用、言论自由、竞争秩序及消费者福利等方面❶的消极影响。更严重的后果在于，技术措施的运用及其被保护对公有领域或公共领域也必将构成重大威胁。原本属于公有领域的东西，一旦加上技术措施的包装，就将成为社会公众接触该信息所无法跨越的障碍。有学者指出，为避免或抑制技术措施对公有领域内信息的圈占，"只有一种能够将那些把产品中显然应当划分为公有领域的材料予以加密的行为规定为非法行为的措施，才能在版权领域中实现平衡和公正，让那些受版权保护的内容加密，而让公有领域的内容向公众开放"❷。然而，我们目前并未将对不受版权保护的客体予以加密的行为规定为非法行为。

事实上，将技术措施纳入版权法的保护范围是一个迫不得已的选择，甚至可以说是一个"历史的错误"。就像一个"潘多拉魔盒"，随着技术措施保护这个盖子的打开，各种消极影响就像恶魔一样不断地从这个"魔盒"中逸出。为此，我们必须对现有的技术措施制度予以调整，合理确定对技术措施的保护的范围和力度，尽可能抑制技术措施保护的负面影响。对技术措施保护制度予以调整的最低目标在于，"不应在不受版权保护的资料以及处于公有领域的作

---

❶ 实际上，除本书中详细展开阐述的信息获取、科技发展、言论自由等方面以外，技术措施的采用及法律保护还将对社会公众的隐私权等方面造成较大的不良影响。例如，有学者指出，"版权人通过技术措施收集个人身份信息，跟踪监测作品使用行为，甚至进入电脑系统进行私力技术救济，给消费者的信息隐私带来严重的威胁"，并从三个方面揭示了技术措施保护对社会公众隐私权的消极影响：（1）技术措施的在线许可信息收集功能威胁个人身份信息隐私；（2）技术措施的跟踪监测功能对消费信息、消费偏好和消费习惯等信息的收集；（3）私力技术救济措施未经许可即进入用户电脑或系统的行为威胁到用户的信息隐私和信息安全。谢惠加．技术措施保护的隐私权限制［J］．知识产权，2012，（3）：48～54.

❷ ［美］保罗·戈尔茨坦．版权及其替代物［J］．周林，译．电子知识产权，1999，（6）：15～17.

品之上适用技术保护措施。不应当对利用原本可以自由使用的资料加以任何形式的垄断。应将此种保护措施的适用限于公共利益不致遭受损害的范围"❶。总之，无论是立法还是司法实务中，我们都必须谨慎、妥善地处理技术措施保护与合理使用、竞争秩序、技术发展、消费者权益维护等公共利益之间的关系。

---

❶　这是韩国代表团在 WCT 和 WPPT 两条约制定过程中的第三次联席会议上发表的评论中的部分内容。

第六章　技术措施制度的调整与完善

当技术措施的版权法保护问题被拿到 WIPO 相关国际会议的桌面上正式讨论时，人们便怀着种种质疑和不安的心情，表达各种反对的声音；当该制度被正式纳入国际版权法的法律体系后，批评之声更是不绝于耳、甚嚣尘上；而当技术措施的法律保护最终被写入各主要国家和地区的知识产权相关法律文本，当一切终于尘埃落定，人们对该制度的思考和讨论逐渐变得理性化了。

客观地说，对于传统的版权法甚至知识产权法而言，技术措施反规避的版权法保护制度是离经叛道的。该制度存在的若干先天不足，加上后天的"发育不良"问题，使其成为不少学者眼中的"怪物"。如果说是国际立法及各国立法的仓促导致了该制度的种种先天不足，我们可以宽容看待；如果说要求这项年轻的制度有多么完善是不现实的要求，我们也可以理解和原谅；但是现在，我们必须要进行的工作是在实践中尤其是司法实践的检验过程中，对该制度进行深刻的剖析、审视、检讨和完善。

数字版权对技术措施的依赖以及技术措施对公众利益的潜在威胁，迫使我们郑重地思考：技术措施制度有未来吗？技术措施制度的未来应该是怎样的？诚如部分学者所言，"尽管技术保护措施有诸多缺陷，以技术保护措施为基础的著作权保护模式也难以胜任数字时代著作权保护的重任，但技术保护措施在构建未来著作权保护模式中仍将占有重要的地位"❶。所以，我们需要认真思考并付诸实施的，并非全盘推翻技术措施制度，而是完善这一制度，尽量抑制其各种负面影响。

第一节　正确定位技术措施

由上观之，技术措施的广泛采用以及版权法对技术措施的反规避保护可能会对信息获取、科技发展、竞争秩序等公共利益造成严重的消极影响，而且与广大社会公众的言论自由、合理使用、消费者福利等重大方面休戚相关。因此，对技术措施反规避制度进行正确、合理的定位是首当其冲的一个问题。

关于技术措施的性质及其在版权法中的地位问题，学者间看法不一。❷ 目前技术措施保护的立法与司法状况给人的感觉是：技术措施似乎具有了类似于作品的独立法律地位。笔者认为，这是一个预示着版权扩张的危险信号。正如有学者所指出的那样，目前"我们的思维模式和言语中有一种趋势，这种趋势引导我们对知识产权过度保护而不是保护不足"❸。该学者认为，在信息时代，这种趋势表现为认为知识产权不是"反垄断或者信息自由流通"的领域而是应用"激励理论"的领域；在司法实务中，这种趋势则表现为，法官

---

❶　姚鹤徽，王太平. 著作权技术保护措施之批判、反思与正确定位 [J]. 知识产权，2009，(6)：20 ~ 26.

❷　关于技术措施的法律性质及地位，包括学者们的代表性观点，第三章已有详细阐述，此不赘述。

❸　James Boyle, Shamans. Software and spleens：law and the construction of the information society [M]. Harvard University Press, 1996：121.

对宪法确定的"言论自由"或者"信息的自由流通"这样的论辩十分不敏感。❶ 笔者认为，无论是从技术措施版权法保护的立法本意来看，还是从维护版权法既有平衡、防止版权人权利不当扩张的角度而言，都不应当给予技术措施类似于作品的法律保护。

关于技术措施保护的正确定位，有学者指出，技术措施的保护目的"主要在于形成一道墙，借以保护作品的核心，而不应是另一个独占。在墙与核心之间，仍然是作品使用者得以合理使用的范围，并不构成所谓著作权的侵害"❷。笔者认为，这一观点鲜明地指出并强调了保护技术措施的初衷和最终目的是保护版权。正如美国的一位法官在"索尼录像机案"中所言，"著作权的核心在著作本身，而非在于技术"❸。这就一语道破了技术措施在版权法中的应有地位。既然保护技术措施是为版权保护服务的，那么版权法赋予版权人的与技术措施保护有关的权利的范围就应当不超过传统版权法赋予版权人的版权的原先范围。在技术措施保护的相关立法以及司法实务中，应始终坚持将这一定位作为一个基本原则或者根本精神。比如，在技术措施受法律保护的条件中，应当要求技术措施具备相关性，即与版权保护有一定的关联或谓合理相关性；在司法实践中，若当事人主张对技术措施予以保护的目的并非在于保护版权，而是出于捆绑销售、限制竞争或意图获取垄断性利益的目的，则其主张不应得到支持。

---

❶ James Boyle, Shamans. Software and spleens: law and the construction of the information society [M]. Harvard University Press, 1996: 120~122.

❷ 谢英士. 谁取走我的奶酪？——从公法的视角谈著作权法上的技术保护措施 [A]. 张平. 网络法律评论（第9卷）[C]. 北京：法律出版社，2008：140~151.

❸ See Sony Corp. of America v. Universal City Studios, Inc., 464 U.S. 417, 442 (1984).

第二节　确立技术措施制度的立法原则

从总体上看，大部分国家现有版权法中的技术措施制度均过多地体现了版权业者的利益。笔者认为，必须转变现有的立法理念，使其回归理性。具体而言，在调整和完善技术措施制度的过程中，在立法的基本原则和指导思想上，我们应当坚守利益平衡原则、凸显禁止权利滥用原则并且体现技术中立原则。

一、坚守利益平衡原则

利益平衡原则是知识产权制度中一个古老的制度，也是版权法中一个亘古不变的话题。一直以来，版权法都在谋求实现权利人的特权与公共利益之间的相对平衡，维持此种微妙的平衡已经成为文化发展的源泉！

然而，在当今数字技术背景下的技术措施制度中，利益平衡原则的大厦似有摇摇欲坠之势，利益平衡原则的捍卫显得尤为艰难。这一点与技术措施制度的发展历史密切相关。从前文对技术措施制度发展历史的回顾可以看出，该制度最初和最根本的出发点就是维护版权人（以及其他权利人，下同）的权益以及强化其对作品等权利客体的控制。这是技术措施制度设计的基调和原点！之后，在实际运作过程中发现该制度对若干公共利益的严重负面影响后，才"亡羊补牢"，开始不断地增加或更新对技术措施保护的限制或例外规则。❶ 技术措施制度的上述发展过程所导致的必然结果是，版权人和其他权利人的权益与用户、公众、消费者的权益根本不在同一个层次上，原本相当重要的用户、公众、消费者利益反而成了版权人利益的附属品或谓副产品。可以说，现有的技术措施制度对版权人和使用者双方的权利义务安排基本上是以上述价值观为根本指导原则的，自然无法体现版权人私人利益与社会大众公共利益的平衡。

　　事实上，消费者和社会公众的利益与版权人的利益是唇齿相依的。版权人不应当对公众对其作品的接触或使用限制得过多、过死，而应允许社会公众对作品的试听、试看等接触或部分使用行为，以便更好地宣传该作品。而且，与技术措施和版权保护密切相关的数字权利管理模式也应作相应调整。因为"消费者的支持是著作权人生存的关键因素，从这点来看，保护知识产权的需要不应给数字内容的接收者增加不必要的负担。在此观点下，可以放弃以限制为基础的数字权利管理模式，转向可自由接触受保护内容为关键的、仅进行事后监督的数字权利管理模式，这种转变和支付合适报酬的潜在需要对于数字权利管理的市场成功有很重要的意义"❷。现今大部分技术措施均过度限制了终端用户对新技术的利用，存在着诸多缺陷，"未来著作权保护模式的设计不能重蹈当前著作权制度中的技术

---

　　❶ 美国、法国、德国、日本等国家均在近几年频繁修改与技术措施有关的法律规则，尤其是美国和法国。其中，美国几乎是每三年一次对技术措施保护的例外规则予以更新，法国也在不断增加技术措施的例外或限制规则。在欧盟的成员国中，在技术措施的限制和例外规则方面，法国目前的立法是比较完善的，其次是德国。

　　❷ Maciej Barczew ski. The dusk of digital rights management? towards a new model of content distribution control ［EB/OL］. http：//www. atrip. org/upload/files/essays/Barszew ski? DRM Towards a New Model. pdf，2009 - 04 - 12.

保护措施的思路"❶。

可见，在技术措施制度的立法观念和根本原则上，目前首当其冲的一点就是彻底破除将例外或限制规则作为保护版权人利益的附属品或者副产品的陈旧观念，尽快改变依据既有思路所作出的制度设计，对版权人和使用者的权利义务关系作出重新布局和合理安排。从本质上讲，使用者的权利与版权人的利益是同等重要的。在对技术措施制度予以调整和完善的过程中，我们必须树立这样的新观念。

有学者深刻地指出，"简单地对待技术措施必然会使版权立法陷入进退失据的困境，只有设计出一套精巧的制度才能恢复版权法脆弱的平衡"❷。而笔者认为，恢复版权法平衡的当务之急就是确保社会公众合理使用的权利及其实现的可能性。具体而言，我们应当在立法中大大增加对技术措施运用的限制以及保护的例外等有利于社会公众的内容，增加社会公众利益这一方的砝码，从而尽量实现并较好地维持版权人与社会公众之间的利益平衡，使技术措施不至于沦为版权人牟取私利的工具。

二、凸显禁止权利滥用原则

版权业者拥有巨大的经济优势和技术优势，同时享受着版权法对作品等权利客体的版权保护、技术措施保护❸以及版权法对技术措施的反规避保护这三重保护，极易导致权利滥用，因此，笔者认为，在技术措施制度的调整和完善过程中，必须凸显禁止权利滥用原则。

---

❶ 姚鹤徽，王太平. 著作权技术保护措施之批判、反思与正确定位［J］. 知识产权，2009，（6）：25～26.

❷ 宋红松. 恢复版权法自身的平衡——介绍美国三个有关技术措施的新议案［A］. 郑成思. 知识产权文丛（第10卷）［C］. 北京：中国方正出版社，2004：254.

❸ 技术措施保护，即利用技术手段保护权利客体，是一种私力救济手段。

唯有如此，才能为有效抑制技术措施制度对若干公共利益的潜在负面影响提供明确的法律依据；也唯有如此，才有可能真正实现版权人和其他权利人与社会公众之间的利益平衡。

以我国为例，我国相关立法既未明确涉及对版权人或其他权利人滥用技术措施的规制问题，也未规定技术措施采用者的标识义务、提示义务等义务性内容；在技术措施保护的例外和限制方面，我国既无一般性条款，也无具体的列举式规定。这显然会对法律适用造成一定的困难。

笔者认为，必须在立法和司法实践中凸显权利滥用原则。具体而言，（1）增加禁止权利滥用的一般性条款，比如，禁止滥用版权，禁止利用技术措施破坏竞争、损害消费者权益、妨碍技术创新、垄断市场等；（2）在立法中增加技术措施采用者的明确标识、通知、告知等义务，以确保消费者的知情权等；（3）在司法实践中允许用户、使用者、消费者、社会公众（包括残障人士等弱势群体）等援用禁止权利滥用的抗辩。

三、体现技术中立原则

如前所述，目前大部分国家的技术措施制度要么是版权业者单方推动的结果，要么是在两个互联网条约的推动下仓促立法的结果，至少在一开始并未或者没来得及顾及社会公共利益。在未来的技术措施制度构建中，要想避免该制度的消极影响，就必须充分体现技术中立的立法原则，强调立法者的客观、公正，避免给人一种"技术措施制度是版权人的利益代言人"的感觉。

笔者认为，坚持技术中立原则，就是要将技术措施作为一种客观的技术工具或手段，客观、全面地认识和评估技术措施对版权人及包括作品使用者、消费者、科研工作者、残疾人等其他社会公众的潜在影响，包括积极作用和消极影响，在此基础上，对相关当事人之间的权利、义务和利益等关系进行适当的重新安排。

第三节　调整对技术措施的保护范围和保护强度

从部分国家的典型案例和技术措施保护制度的实际运作效果来看，现有立法和司法实践在技术措施保护方面存在着保护范围过于宽泛，对技术措施运用及保护的限制或例外规定明显不足等问题。总体来说，美国、欧盟等发达国家和地区对技术措施的保护强度过高，可能使社会公众面临着合理使用等公共领域被过度掠夺的极大风险。在我国，最突出的问题莫过于对技术措施运用的限制性规则和对技术措施保护的例外性规则的立法缺位明显，一味地强调对技术措施的保护，过于注重维护产业利益，漠视公共利益和公共领域，导致版权人的利益与社会公众利益及公共利益之间发生重大失衡。为此，必须加大对技术措施运用或保护的限制力度，帮助处于弱势地位的社会公众实现版权法中的利益平衡。

一、调整对技术措施的保护范围和条件

客观地说，要求所有国家或地区按照整齐划一的标准来确定相关立法对技术措施的保护范围或保护条件，是不现实也是不可能的。因此，笔者认为，每个国家或地区应根据自己的实际情况，结合经济发展水平、科技发达程度、产业结构、法律文化背景等，在对技术措施进行主要分类的基础上，在立法中合理地确定给予保护的技术措施的具体种类、形式和范围。

虽然正如我们现在所看到的那样，不同国家或地区之间在这一方面存在着或大或小的差异，但应当共同遵循的一点是，对技术措施的保护范围不能过于宽泛或者原则，在确定保护范围、种类或保护的条件时必须慎之又慎。也就是说，在技术措施保护方面必须严格限制技术措施的保护范围，保持适当的保护强度。

鉴于目前各主要国家和地区已经采取了普遍禁止规避式的技术措施保护模式，立法所能做的只有尽可能缩小对技术措施的保护范围。比如，就我国现行法的相关规定而言，究竟是对控制接触和控制使用的技术措施两种都予以保护，还是仅仅保护其中一种技术措施，似乎语焉不详。这就需要我国立法部门会同相关产业代表等利害关系人进行深入研究，充分论证后予以确定。

在技术措施的保护条件方面，虽然各主要国家基本上都在立法或司法实务中明确了对技术措施予以保护的各种条件，但宽严程度不一，而且有的在立法中规定不明确，有的则执行得比较宽松。比如，我国立法的相关规定就很不完善，连技术措施的有效性和非攻击性（防御性）等学者们公认的保护条件都未能在立法中体现。笔者认为，无论各国在立法中对保护条件如何规定，必须遵循的共同的一点在于，技术措施的采用必须与保护版权的目的密切相关，即技术措施的采用目的须是版权保护。相关司法实践已经表明，即使是在对技术措施的保护水平非常高的美国，某项技术措施要想得到法律保护，也须与版权保护之间存在合理的相关性，否则不予以支持。

二、降低对技术措施的保护强度

版权法保护技术措施的本意在于"制裁为侵犯他人著作权而破

坏保护作品的技术措施的行为和有意为破坏技术措施提供设备和服务并以此牟利的行为"❶，但现在，技术措施却变成了用户使用作品须先付费的控制手段；这显然是不当扩张了版权人对新兴市场的垄断权。因此，必须降低对技术措施的保护强度。

为了降低对技术措施的保护强度，我们可以采取若干有效措施。例如，在立法中增加对技术措施运用的限制性规定或对技术措施保护的例外性规定、提高保护技术措施的门槛和条件、对版权人增设各种有利于社会公众的法定义务等；又如，在司法实践中从严把握"技术措施"的认定标准和保护标准，像美国联邦最高法院那样在版权案件中坚持"司法克制"原则，对版权的扩张保持高度谨慎的态度。正如有学者所主张的那样，"知识产权法没有作具体的设权性规定，则应初步推定该相关的智力成果处在公共领域，社会公众和竞争对手可以自由取用。法院优先考虑的不是个案的创造者或者投资者如何最大限度地收回投资，而是如何维持知识产权法所创设的公共领域的开放。只有充分的证据显示，不对创造者提供基本的保护，将导致不可避免的市场失败并最终损害社会公众利益时，法院才可以考虑适用原则条款提供适当的救济"❷。

另外，技术措施的使用对象也应当受到必要限制。虽然大多数国家在立法中并不太注重对技术措施使用对象的规定或限定，但事实上，并不应当允许在所有的作品或其他客体之上运用技术措施。从版权法对技术措施的保护目的来看，并非所有的作品都有权使用技术措施，像版权保护期限届满的作品、涉及社会公共利益的作品

---

❶ 高云鹏. 互联网环境下著作权合理使用范围的新变化［J］. 电子知识产权，2007，(11)：43.

❷ 崔国斌. 知识产权法官造法批判［J］. 中国法学，2006，(1)：162.

等均不应允许使用技术措施。笔者认为，立法中应当只允许对处于版权法保护期限内的作品或其他客体采用技术措施。但现实情况是，拥有技术优势及较强经济实力的版权人滥用技术措施、侵占公有领域的现象时有发生。

第四节 完善对技术措施运用或保护的限制或例外规则

版权人担忧自己对作品复制、传播及利用上的失控，这一点自然无可厚非，但另一方面，社会公众的利益和公共利益同样也需要捍卫。然而，现行法律实施的实际效果是：只有人在关注谁规避了技术措施，企图追究规避者或破解者的法律责任，却没有人在关心谁在操纵技术措施，使其沦为控制公众对作品接触或利用的工具；对技术措施规避者的法律责任的讨论甚嚣尘上，但对技术措施控制者的控制行为的正当性或者对该行为的制约却鲜有人关注。事实上，版权的扩张尤其是版权人对技术措施淋漓尽致的运用几乎已经达到控制公众阅读、学习以及获取信息及资料的程度，现代社会已经变成了一个"技术控制"的世界。

针对上述状况，有学者指出，技术措施是不值得无条件地获得法律的承认和保护的，在某些情况下，对其破解恰恰符合公众利益和正义的要求。❶ 笔者认为，这种观点殊值赞同。例如，针对版权保护期限已经届满的作品之上的技术措施而为的破解行为，就是符合公众利益和正义要求的，因为该作品已成为公共知识，属于公共领域的范畴。作为上述观点的结论，技术措施制度迫切需要配套的限制和例外规则与之相配合，才有可能成就数字技术时代的公平、正

---

❶ 薛虹．数字技术的版权保护［M］．北京：知识产权出版社，2002：123.

义和完美。

目前，各主要国家和地区的技术措施制度基本上都体现了向版权人利益和产业利益的过分倾斜。● 为此，我们必须大大加强对技术措施运用或保护的限制，以帮助处于弱势地位的社会公众与版权人的力量相抗衡，从而实现双方之间的利益平衡。

一、限制或例外的立法方式

由于包括 WCT 和 WPPT 在内的主要国际公约和各主要国家和地区基本上都采用了对技术措施的规避（行为和/或设备）予以普遍性禁止的规范方式，为防范其消极影响或抑制其负面作用，只能对其例外或限制情形不断地补充、再补充，完善、再完善，像是一项永无休止的运动。要想周延、全面、一劳永逸地将各种符合公平正义理念的例外或限制情形、合理使用情形等尽数收入囊中，难度系数很高。作为技术措施保护的对立面，技术措施的例外或限制是一个极其庞大的体系，立法难度非常大。也正因如此，许多国家或地区要么仅在立法中作了非常原则、简单的规定，要么仅列举了几种主要情形，要么采用了"立法列举 + 灵活的适时更新"这种固定模式与灵活模式相结合的立法方式（如美国），还有的国家在技术措施保护的限制或例外方面处于立法空白状态或者存在很明显的立法缺陷（如我国）。

因此，笔者认为，在技术措施保护制度的立法设计或司法实务中，应重点把握对技术措施的运用或保护予以充分、必要限制的总

● 这在我国的立法中体现得较为明显。笔者认为，我国最严重、最突出的问题在于立法对技术措施的保护过于宽泛，对技术措施保护的限制和例外情形规定得却很少，不利于实现权利人私益与公众利益之间的平衡，由此导致的保护强度过高可能会使公众面临合理使用等公共领域被过度掠夺的潜在危险，也增加了司法适用中的困难。

体精神。在立法方式上，美国所采用的立法中列举的固定情形与灵活的、适时更新的情形相结合的方式是个不错的选择，值得参考和借鉴。美国的方式既能将最重要的几项限制或例外情形固定下来，以维护宪法等公法所捍卫的言论自由等至高无上的基本价值，又能顺应技术革新所带来的变化，及时更新限制或例外情形，具有一定的灵活性。美国关于技术措施规避的豁免规则的最新一次修订就充分展示了该模式的及时更新及灵活应变能力。2010 年的"苹果"事件❶放大了美国现行技术措施制度的不足，尤其是对技术措施的过度保护以及例外或限制的不周延；在此背景下，美国于 2010 年 7 月 26 日第四次公布了新的技术措施规避的例外类型❷，DMCA 第 1201 条

---

❶　"苹果"事件涉及针对苹果公司的"解锁"和"越狱"行为。最大的争议焦点在于，购买了 iPhone 手机的合法用户所进行的"越狱"（jailbreak）行为（本质是一种破解行为）以及下载未经"苹果"审核的软件的行为，这两种行为的性质是非法的还是合法的。谁动了我的苹果 [J]. 电子知识产权，2010，（10）：29～31.

❷　新公布的六种例外为：（1）大学教授、影视专业的学生为教育或研究的使用目的，纪录片拍摄者、非营利性影视制作者为评论目的，规避或破解 DVD 中的技术保护措施，以使用该 DVD 中电影的简短片段；（2）为实现合法获得的应用软件之间的互联互通，对能使手机等无线电话设备执行软件应用功能的计算机程序进行规避或破解；（3）若某计算机程序副本的所有者同时是经网络经营者授权、有权使用无线网络者，出于与无线通信网络相连接的目的，对能促使无线电话与无线网络相连接的、以固件或软件形式存在的计算机程序予以规避或破解；（4）个人电脑的用户可以规避或破解电脑中视频游戏的访问控制技术保护措施，若其目的仅为善意的安全测试、填补安全漏洞；而且，来源于安全测试的信息主要是用于提升电脑、电脑系统或者网络的所有者、操作者的安全，且该信息的使用并未为违法行为提供帮助或便利；（5）电脑用户可以规避或破解软件加密狗，若其发生故障或损坏而无法使用；当市场上不再制造、无法更换或维修该加密狗时，可被视为"无法使用"；（6）为保护盲人等残障弱势群体的利益，对于电子书形式的文字作品，若所有现存的电子书版本（包括经授权可获得的数字化版本）都含有访问控制技术措施，导致文本格式向具有有声阅读或屏幕阅读功能的特定格式的转化无法实现，则其可以规避或破解。Billington, James H. (Librarian of Congress). Statement of the Librarian of Congress Relating to Section 1201 Rulemaking [EB/OL]. http：//www. copyright. gov/1201/2010/Librarian-of-Congress-1201-Statement. html, 2010 – 07 – 26. 当然，美国对上述第（1）种情形的适用所施加的前提条件是：规避者有正当理由相信，为实现以上目的，规避行为是必需的。

的规定再次被修改。❶

二、限制或例外的主要条款

在对技术措施的限制或例外情形进行立法时，应采用概括性的一般条款与列举式条款相结合的方式。

（一）限制或例外的一般性条款

要想切实、有效地强化对技术措施运用或保护的限制，除了前文提及的在"技术措施"的界定、技术措施的保护范围和保护条件等方面予以严格限定外，还应在立法中大量增加技术措施采用者❷的法定义务和责任等限制性规定，可采用概括式表述。建议增加若干一般性、宣示性条款，包括但不限于以下内容：任何技术措施的采用都不得违反法律，不得损害社会公共利益；版权人或其他相关权利人不得滥用技术措施，不得利用技术措施企图实现非法目的，如妨碍市场的正当竞争、损害言论自由或消费者的权益；版权人或其他权利人必须对技术措施被运用后产生的各种后果承担责任，包括相关法律责任。这些条款的目的在于为防止技术措施的采用造成不可预测的危害而提供法律依据。

就我国而言，笔者认为，急需增加对技术措施采用及保护的一般性限制或规制的情形。目前我国相关立法仅确认了对技术措施的保护，而且《信息网络传播权保护条例》中规定的保护范围较广、保护力度较强，但对技术措施运用的一般性规制或限制规定却几乎

---

❶　这一修改对"苹果"的直接影响是：2010 年 7 月 26 日之前，美国 DMCA 相关条款的适用结果是，用户通过"解锁"更换运营商的行为以及"越狱"的破解行为很可能被视为非法；然而，在适用 2010 年 7 月 26 日规定的新规则之后，这两种行为却变为合法了。这一改变显然为消费者带来了福利。

❷　"技术措施采用者"即技术措施采用后的受益者或受惠人，主要是版权人，下同。

没有。为协调和平衡版权人与社会公众的利益，建议在《著作权法》《信息网络传播权保护条例》《计算机软件保护条例》等法律法规中增加对技术措施采用及保护的一般性限制规定。可以考虑增加的原则性规定如：第一，技术措施的采取不得超出版权保护的目的；第二，相关权利人在采取技术措施时仅限于防御性技术措施，禁止采用攻击性技术措施；第三，相关主体因采取技术措施导致的各种消极后果，由技术措施采用者承担相关后果及法律责任；第四，相关技术措施的采用不得违反法律法规的规定，不得违反公共利益，不得妨碍正当的市场竞争，不得侵害消费者的利益；等等。

（二）限制或例外的列举式条款

在立法中明确列举若干作为技术措施运用或保护的限制或例外情形时，至少要重点考虑以下几个方面。

1. 私人复制例外

笔者认为，在符合特定条件的情况下，应当允许私人复制构成对技术措施保护的例外，也就是说，出于私人复制目的所为的规避技术措施的行为应当可以享受豁免，不构成对技术措施反规避保护条款的违反。原因在于，保护技术措施的根本目的在于保护版权，其打击重点是规避技术措施的设备或装置的交易行为以及专门的、以营利为目的的规避技术措施的服务的提供行为，而非那些零散的、非专门的私人规避行为；私人规避行为尚不足以构成对版权的严重侵害。关于私人复制例外的具体规则，如"私人复制"的界定，笔者认为可以参考澳大利亚的相关立法。

2. 基于合理使用的限制或例外

如前所述，随着技术措施被版权人利用而作为防止盗版的武器并被纳入法律保护范围，社会公众的合理使用空间在不断缩小。由于保护技术措施的目的在于保护版权，而合理使用行为并不构成版权侵害，因此，对于为合理使用目的而规避技术措施的行为，应当在立法中允许其构成技术措施保护的例外。而且，无论是控制接触还是控制复制的技术措施，都应受到合理使用的限制。

在美国 DMCA 制定时，为论证合理使用不构成技术措施保护的例外，版权人相关利益集团提出了一个"不得擅闯作者住宅"的比喻。该比喻看似理直气壮，实则站不住脚。自家的围墙、篱笆与技术措施的性质是不能划等号的。图书若放在版权人的家中，他人翻过围墙或者破门而入将其窃取出来，当然不能构成合理使用，因为房子及其内部空间都属于版权人私人财产所有权的范围。然而，被采取了技术措施的作品并非作者的个人财产，技术措施本身也不是财产；所以规避技术措施甚至破坏技术措施并不等于侵犯了个人财产权，接触了作品的性质与偷盗一本书的性质也是相差十万八千里的。更何况，被采取了技术措施的作品并非都是技术措施采用者自身享有版权的作品。

除一般社会公众的合理使用行为外，科研人员、教育及科研机构、图书馆等与教育、科研、技术创新及文化传播职能密切相关的主体也应当成为有权享受豁免的主力军。以图书馆为例，非营利性图书馆及其设立的数字图书馆应当是数字技术背景下享受合理使用这一例外情形的一个重要主体。为满足广大公众对部分作品的阅读、信息获取及资源利用的需求，应当允许非营利性图书馆数字化部分作品甚至规避部分作品之上的技术措施，并能享受豁免。

3. 未成年人权益保护的例外

在立法中，应当为未成年人权益的保护创设一项技术措施保护的例外。也就是说，为了保护未成年人的权益——如防止未成年人接触网络上的不良内容——而规避技术措施的，可享受豁免，不构成对技术措施反规避条款的违反。

4. 反向工程及加密研究例外*

在计算机软件开发和设计等行业，为反向工程或加密研究创设专门的例外规定是相当必要而且必需的。因为"在软件行业，反向工程乃是常用方法，因为它有助于了解软件整体构思和独特功能，能够帮助找出软件的缺陷和漏洞（BUG），促进高水平软件和兼容软件的开发，是促进技术创新、推动软件行业发展不可或缺的手段"❶。

鉴于反向工程的特殊重要性，美国、欧盟和澳大利亚等国家和地区均承认反向工程行为的合法性质。比如，美国 DMCA 将反向工程（Reverse Engineering）作为技术措施保护的一项例外，规定：为实现使某独立编写的计算机程序与其他程序相兼容的唯一目的，当对某程序的要素进行鉴别和分析是必需的情况下，若该程序是经合法获得使用权的、且其要素无法轻易获得，则可以基于此目的而规避技术措施。❷ 欧盟的《计算机软件保护指令》也有类似规定：当某种规避技术措施的方法是进行该指令第 5 条第 3 项或第 6 条规定的行为——还原工程或反编译——所必需的时，不得以《信息社会版权指令》的规定来禁止或限制该方法的发展或使用❸；《计算机软件保护指令》第 6 条还规定，为生产兼容程序可以实施反向工程，

＊ 因前文已对"加密研究例外"问题作过较多论述，在此重点探讨反向工程例外问题。

❶ 黄武双，李进付. 再评北京精雕诉上海奈凯计算机软件侵权案——兼论软件技术保护措施与反向工程的合理纬度［J］. 电子知识产权，2007，（10）：61.

❷ 17 U. S. C. § 1201（f）.

❸ 可见，欧盟《计算机软件保护指令》的第 5 条和第 6 条是针对计算机软件专有权所作的一种特别例外规定。

但不能扩散给对开发兼容产品不必要的第三人，也不能用于开发、制作或销售表达形式类似或有其他著作权侵权因素的程序，并不得不合理地损害权利人的正当利益或妨碍计算机程序的正常使用。澳大利亚则规定，为开发功能兼容的产品而对计算机程序进行复制，为更正计算机程序的错误而对计算机程序进行复制或者为了安全测试而对计算机程序进行测试。❶

然而，有部分国家至今尚未明确规定反向工程这一例外情形，比如我国。❷ 虽然我国《计算机软件保护条例》第 17 条规定，"为了学习和研究软件内含的设计思想和原理，通过安装、显示、传输或者存储软件等方式使用软件的，可以不经软件著作权人许可，不向其支付报酬"，但这仅仅是明确了与计算机软件的使用有关的合理使用情形，这与承认反向工程的合法性质是有根本区别的。尤其是《计算机软件保护条例》第 24 条第 3 款关于"故意避开或破坏著作权人为保护其软件著作权而采取的技术措施的，属于侵犯软件著作权的行为"的规定，加上立法中反向工程例外的欠缺，导致法官在司法实践中无所适从。笔者认为，这显然是我国版权立法中的重大遗漏。

我国对反向工程例外规则的立法遗漏所导致的消极后果已经在司法实践中得以初步显现。北京精雕公司案就是一个典型的例子。在该案中，原告称自己已经不断提高了 Eng 文件格式的加密强度使

---

❶ 参见本章第三节的介绍。

❷ 在这一方面，同为发展中国家的印度就比我国做得好。印度在其著作权法中明确规定，反向工程行为"不构成对著作权的侵害"。参见《印度著作权法（1957 年）》第 52 条第 1 款第 a 项的规定："第 52 条 某些不构成侵害著作权的行为：（1）下列行为不构成对著作权的侵害，即⋯⋯（ab）计算机程序的合法复制品所有人实施任何必要行为，以获取为实现某独立设计的计算机程序与其他计算机程序之间的互操作性所必需的信息，只要此种信息无法以其他方式轻易获取；⋯⋯"

JDPaint 软件不被非法使用，欲确保 JDPaint 软件仅能在原告的雕刻机的数控系统中使用，而被告破解了 JDPaint 软件输出的 Eng 格式文件，规避了原告的技术措施，构成对原告 JDPaint 软件版权的侵犯。一审法院判决驳回原告的诉讼请求，原告提起上诉。二审法院则驳回上诉。两个法院的裁判理由不同。一审法院认为，Eng 格式数据文件中包含的数据和文件格式不属于 JDPaint 软件的程序，不属于计算机软件的保护范围。被告开发的软件能读取 Eng 文件实质上是软件与数据文件的兼容，所以该软件接收并能读取 Eng 文件并不构成侵权。❶ 二审法院却认为，原告的 Eng 格式文件不属于"技术措施"，因其功能是完成数据交换而非对 JDPaint 软件予以保护，目的是排除 JDPaint 软件的合法取得者在其他数控系统中使用该软件的可能，因此，被告的破解行为不构成故意避开或破坏技术措施的侵权行为。

笔者认为，在该案中，虽然被告开发的软件能读取原告的 JDPaint 软件所输出的 Eng 格式文件，但不能据此就得出被告有侵犯原告软件版权的行为这一结论。在没有进一步的证据——如被告曾实施私自窃取或其他非法行为以获取 JDPaint 软件的源程序，或者非法复制、使用 JDPaint 软件等证据——之前，单纯的读取行为是软件开发行业常见的软件之间的兼容现象，有可能是正常的程序设计和软件开发的结果而非侵权行为。"并非所有破解软件的行为都构成侵权"，"以解决软件兼容性为目的的破解一般是不会构成侵权的"。❷

虽然媒体对该案给予了高度评价和褒扬，但笔者却认为该案凸

---

❶ 黄武双，李进付. 再评北京精雕诉上海奈凯计算机软件侵权案——兼论软件技术保护措施与反向工程的合理纬度 [J]. 电子知识产权，2007，(10)：58.

❷ 黄武双，李进付. 再评北京精雕诉上海奈凯计算机软件侵权案——兼论软件技术保护措施与反向工程的合理纬度 [J]. 电子知识产权，2007，(10)：59.

显了我国对反向工程相关问题的立法缺位。由于立法未明确肯定反向工程行为的合法性，法官不得不绕个大弯去努力寻找合理的法律适用及解释，费力地试图解释 Eng 格式文件为何不属于技术措施，而非简单、直接地援引反向工程例外的相关规定；因为没有此类规定可供适用。"为了避免自由裁量所带来的误判风险，法院通常都会选择技术保护措施，而避开反向工程。"❶ 这就为司法的不确定性埋下了伏笔。

因此，就我国对计算机软件（尤其是对软件之上的相关技术措施）的保护而言，反向工程的相关问题急需在立法中予以明确。建议我国借鉴美国、欧盟、澳大利亚等国的相关规定，将特定条件下的反向工程行为明确定性为合法，并将反向工程行为作为技术措施保护的一个例外情形。正如部分学者所提议的那样，可以考虑将以下任意一种情形的、为实施反向工程而规避技术措施的行为规定为合法："（1）为获得必要信息而开发出兼容且独立的程序；（2）在原软件技术基础上创新、开发具有实质性进步的软件；（3）为分析原软件存在的漏洞（BUG）并完善这些漏洞；（4）为证明涉讼软件是否侵犯版权而提供支持。"❷ 笔者认为，承认反向工程的合法性对于促进我国软件开发等产业的发展可谓意义重大。"合理、谨慎地运用反向工程，可以推动创新、打破垄断、活跃经济，帮助维护经济社会的进化规则。"❸

---

❶ 黄武双，李进付. 再评北京精雕诉上海奈凯计算机软件侵权案——兼论软件技术保护措施与反向工程的合理纬度 [J]. 电子知识产权，2007，（10）：62.

❷ 黄武双，李进付. 再评北京精雕诉上海奈凯计算机软件侵权案——兼论软件技术保护措施与反向工程的合理纬度 [J]. 电子知识产权，2007，（10）：62.

❸ 黄武双，李进付. 再评北京精雕诉上海奈凯计算机软件侵权案——兼论软件技术保护措施与反向工程的合理纬度 [J]. 电子知识产权，2007，（10）：62.

5. 安全测试例外

在信息网络时代，为安全测试创设一项专门的技术措施保护的例外是非常必要的。具体规则可参考美国 DMCA 的相关规定，即凡是为了便于发现、查找或更正计算机、计算机系统以及网络系统的安全性漏洞和薄弱环节，为进行安全性测试而规避技术措施的，不构成侵权。[1]

除上述五种最重要且最应当考虑的限制或例外情形之外，建议像美国那样建立一种定期评估制度，广泛收集来自社会各界的对技术措施保护及其消极影响的意见和看法，对技术措施保护的限制和例外情形进行适时更新或修改，以适应不断变化的技术和文化环境。

三、增设保护期限上的限制

为技术措施的版权法保护设定有限的期限，不仅是实现版权人与社会公众之间利益平衡的需要，也是技术措施制度自身完善的需要。基于技术自身的特殊性，技术措施保护期限的欠缺极易导致相关作品被绝对控制起来，也导致版权人能获取永久性的垄断性利益。过犹不及，"无期限的技术措施保护破坏了版权期限制度，也违背了利益平衡的版权法精神"[2]。因此，对技术措施的保护增设期限方面的限制不仅必要，而且必需。

遗憾的是，各国在建立或完善技术措施制度时几乎均未明确规定技术措施的保护期限。也许立法者对技术措施的保护期限持一种默认的态度，即默认其与相关作品的保护期限相一致，但这仅仅是一种推测而已。笔者认为，只有在立法上明确规定技术措施的保护

---

[1]　17 U. S. C. § 1201 (j) .

[2]　陈传夫. 信息资源知识产权制度研究 ［M］. 长沙：湖南大学出版社，2008：268.

期限，才能为法律适用提供相应法律依据。

不过，在技术措施保护期限的具体设计方面，却存在一定的难度，因为现实中的技术措施种类各异、形式多样，其使用对象也是各种不同形式的作品。有学者认为，技术措施的保护期限应当截止到采取技术措施进行版权管理者对被管理对象的相关权利（可能是版权或邻接权等）的法律保护期限届满为止。❶ 笔者对此观点较为赞同，技术措施的保护期限原则上应由该技术措施所保护或管理的对象的法律保护期限来决定，两者应保持一致。

四、增设并完善技术措施采用者的法定义务和责任

现行版权法规定了非法规避者的法律责任，却未规定技术措施采用者的义务和法律责任，显然表现出对版权人倾斜的不对称性。❷

（一）与技术措施有关的信息披露义务

在技术措施采用者的诸多义务中，相关信息披露义务是至关重要的。要求技术措施的采用者及时、充分、完整、客观地向相关主体披露与技术措施有关的信息，实质上是为了赋予并维护消费者、作品使用者等利害关系人的知情权和切身利益。要求技术措施的采用者对技术措施的相关信息予以披露，是被限制了对相关作品或产品的使用自由的社会公众或消费者应当享有的最后一项权利，是对技术措施采用者的一项最低要求。笔者认为，在立法中规定技术措施采用者的相关信息披露义务，有利于社会公众或消费者行使自由选择权，有利于保持数字作品的创作、传播市场以及数字产品市场

---

❶ 胡启明. 技术措施版权期限的理论思考与制度设计 [J]. 行政与法, 2004, (3): 103～104.

❷ [美] 保罗·戈尔茨坦. 版权及其替代物 [J]. 周林, 译. 电子知识产权, 1999, (6): 15～17.

的竞争性。

换一个角度来看，作为作品、邻接权客体或相关产品的接触者或使用者，社会公众或消费者是可能直接受到技术措施影响或限制的主体，其也应当对版权人等权利主体所采用的技术措施有充分的知情权，并以此作为选择作品或相关产品的依据。例如，假设市场上出现了一种带有防止复制技术措施的"防复制压缩唱片"，其进入市场流通领域将可能引起消费者对其与普通唱片之间的混淆，并可能不合理地增加零售商、电子消费品制造商和个人计算机制造商应付消费者投诉的负担。

在与技术措施有关的信息披露义务方面，德国《著作权法》就有明确规定。鉴于"某种客体（作品）是否能够被复制以及是否能够在某种设备上进行播放的特征属于消费者在作出购买决定时具有重要意义的特征"，为了保护消费者的利益，德国《著作权法》第95条d的第1款明确要求"权利人"清楚明了地将技术措施标识出来。❶ 同时，为使那些限制性规定的受益人能够行使第95条b的第2款所规定的因采用技术措施而产生的相关请求权，德国《著作权法》第95条d的第2款规定，"权利人"还应当对自己的姓名或公司名称以及可送达的地址予以标明。

美国也非常重视对数字消费者权益的保护。早在20世纪末，美国DMCA第1201条遭致的批评❷就引起了相关部门的重视。2003

---

❶　［德］M·雷炳德. 著作权法（2004年第13版）［M］. 张恩民，译. 北京：法律出版社，2005：578. 德国《著作权法》虽然规定了技术措施的标识义务，但同时规定了计算机软件的除外（参见德国《著作权法》第69条a第5款）。

❷　美国DMCA第1201条最为人诟病之处在于，该条规定过于偏重维护版权人的利益，而忽视了消费者的利益，打破了版权法在权利人和使用者、消费者之间业已建立的平衡。

年，美国国会先后收到三个与数字消费者、网络消费者等社会公众的利益密切相关的议案，分别是《数字媒体消费者权利法》❶《数字消费者知情权法》❷ 和《增进作者利益且不限制进步或网络消费者需求法》❸。三个议案均将矛头直指 DMCA，尤其是其技术措施保护条款。其中，《数字消费者知情权法》和《数字媒体消费者权利法》均涉及信息披露义务的内容。《数字消费者知情权法》侧重于对消费者的知情权保护，对技术措施的采用以及技术限制方面的披露问题作了详细要求，要求相关生产者或发行者在销售数字产品前向购买者披露有关技术措施的性质和其他情况，目的是使消费者在购买数字产品前事先了解其技术特点等信息，以便消费者充分考虑后作出购买决定。《数字媒体消费者权利法》则有两个亮点：一是为采用了防复制措施的音频压缩唱片的生产商设定了明确标识义务，即在该种唱片上附加"数字音频压缩唱片"的标志并在包装上对相关信息❹予以明确声明。二是扩大了技术措施保护的例外的范围，新增了两种例外情形——若仅仅是为了促进对技术措施的科学研究而设计、生产主要是用于规避技术措施的技术、产品等的，不视为违法；若对技术措施的规避并未导致对受保护的版权的侵害，则规避行为不构成违法。可见，美国上述议案的出发点和精神与德国《著作权

---

❶ Digital Media Consumers'Rights Act of 2003 ［EB/OL］. http：//thomas. loc. gov/cgi-bin/query/z？ c108：H. R. 107：IH，2011 – 05 – 10.

❷ Digital Consumers'Right to Know Act ［EB/OL］. http：//thomas. loc. gov/cgi-bin/query/z？ c108：S. 692：，2011 – 04 – 13.

❸ Benefit Authors without Limiting Advancement or Net Consumer Expectations Act of 2003 ［EB/OL］. http：//thomas. loc. gov/cgi-bin/query/z？ c109：H. R. 4536：，2011 – 04 – 10.

❹ 包括唱片的使用范围、播放设备以及软件要求等信息。宋红松. 恢复版权法自身的平衡——介绍美国三个有关技术措施的新议案 ［A］. 郑成思. 知识产权文丛（第10卷）［C］. 北京：中国方正出版社，2004：255～258.

法》的相关规定不谋而合，对我国而言具有较高的参考价值和借鉴意义。

笔者认为，在立法中应明确规定的信息披露义务具体包括：是否采用了技术措施；该技术措施对相关用户（包括社会公众、消费者等利害关系人）有何潜在影响或不良作用；该技术措施将在何种条件下、以何种方式发生作用；等等。比如，当版权人等主体在作品等客体上采用了技术措施以限制他人未经许可而接触或使用该客体时，其有义务以某种明确、适当的方式向用户披露该技术措施的相关信息，可以在外包装上加贴标签或者以其他方式予以标记及说明，以告知社会公众。又如，部分版权人或邻接权主体在免费提供音乐作品时，可能会对消费者选择播放设备的自由进行限制，此类限制也须以合理方式提前向社会公众或消费者披露。同时，在某些情况下，将通知、警告等前置性程序规定为技术措施采用者的法律义务，是确保相关消费者的知情权得以实现的又一重要保障。在技术措施的相关立法中，对于那些可能严重限制或影响用户利益的技术措施，可以明确要求技术措施采用者履行相关的通知、警告等前置程序。比如，要求技术措施的采用者在技术措施即将发生作用前，以明确、适当的方式进行通知或提出警告并给用户必要的准备时间，以避免给用户造成不必要的损失。

（二）禁止采用攻击性技术措施

攻击性技术措施主要是指那些有可能对用户的系统稳定性、信息安全等方面造成重大威胁或不利影响的技术措施。虽然技术措施的应用本身是基于正当、合法的目的，但若采取技术措施的具体方式和潜在结果是致害性的、攻击性的，则该技术措施仍具有非正当性。笔者认为，禁止采用攻击性技术措施是对技术措施采用者的最基本要求。仅有被动防御性技术措施是被允许采用的。

尽管如此，目前尚有部分国家并未在立法中明确上述要求，我国就是一个典型例子。有学者认为，此要求或要件似乎应被理解为已经隐含于我国《著作权法》的相关条款中了，但笔者不能苟同。在我国，相关规定的欠缺是立法中的重大缺漏，技术措施的具体方式应当在立法中予以明确规定。

（三）禁止滥用技术措施

在现实生活中，技术措施的滥用行为并不少见。具体而言，至少包括以下几种：反竞争或者削弱竞争、垄断、不正当地侵犯社会公众（用户或消费者）的隐私或收集用户信息、捆绑销售等。因此，对滥用技术措施行为的防范及规制就成为完善技术措施制度的首要任务和重要任务之一。笔者认为，"禁止滥用技术措施"必须作为一项宣示性条款而存在。

鉴于网络社会中技术的强大和个人的渺小，有学者提出，我们有必要在立法中专门规定，将"隐私权保护"作为禁止规避或破解技术措施的一项例外。❶ 笔者认为，该建议十分值得关注和研究。众所周知，在现代网络社会，几乎每时每刻，都有"看不见的手"在未经许可的情况下随意收集消费者的消费习惯、消费偏好或者个人信息。虽然这已经是网络社会中的普遍现象，但个人的隐私诉求也变得越发强烈和迫切，个人隐私的保护即便是在网络社会也同样是至高无上的。实际上，许多国家都很重视消费者的隐私保护问题。

因此，笔者认为，在版权法中可以考虑增加技术措施保护的隐私权保护例外。在制度设计方面，有学者提供了较具体的方案："若符合下列条件，消费者可以规避技术措施而无需承担相应的法律责

---

❶ 谢惠加. 技术措施保护的隐私权限制［J］. 知识产权，2012，（3）：54.

任：（1）技术措施具有收集或者传播消费者为了接触或使用数字作品而提供的个人特有信息的功能，或者具有收集消费者消费习惯、消费偏好、监测消费者计算机上存储的其他文档的功能；（2）技术措施的运行将收集或者传播消费者特有的信息或在线活动信息，但没有以明显的方式明确告知，同时也没有为消费者提供相应的途径以防止此类信息的收集和传播；（3）版权人对信息的处理和利用违反了许可协议所记载的处理方式、收集目的或者扩大信息收集范围；（4）规避行为只能使技术措施的信息收集和处理功能失效，不得对其他人接触该数字作品产生影响。此外，由于消费者通常不具备破解技术措施的能力，所以应允许第三方为消费者破解该技术措施提供技术或服务。"❶ 这一建议对我国而言是一种有益的尝试和探讨，笔者对此表示赞同。

（四）对技术措施的实施后果承担责任

技术措施并不总是中性的或者友好的，其有可能导致种种不良后果或消极影响。因此笔者认为，必须在立法中明确规定，因技术措施的采用或实施引起的各种后果，包括其他主体的合法权益所受的侵害或损害，须由技术措施采用者自行承担，包括相关的民事、行政甚至刑事责任。当然，这可能需要其他法律增设相应的相关条款来与之配合适用，比如民法、反不正当竞争法、个人隐私保护法、消费者权益保护法、产品质量法、信息法等。

（五）主动去除技术措施的义务

在立法中增设关于技术措施的保护期限这一时间上的限制后，技术措施的保护期限一旦届满，相应地，应当要求技术措施的采用者及时、主动地解除或去除技术措施的限制。

---

❶　谢惠加. 技术措施保护的隐私权限制［J］. 知识产权，2012，（3）：54.

　　除了上述列举的若干义务或责任以外，还有部分内容在立法中是值得考虑的。比如，有学者指出，技术措施的采用者应当公示版权的保护期限；版权人应当向法定机构交存破解技术措施的工具或提供不受技术措施保护的作品的电子版本，以确保在版权人没有为合理使用预留一定空间时或者在作品保护期限届满后社会公众能合理使用相关作品。笔者认为，这些观点十分值得高度关注和进一步研究。

结　语

近年来，美国、法国、日本等国对版权法的频繁修改等发展动态似乎表明，版权法中的技术措施制度正朝着理性和良性的方向发展。在日新月异、应接不暇的新技术和相伴而生的新商业模式的巨大冲击下，为社会公众的利益和自由腾出必要空间，在版权人利益与公众利益之间寻求新的平衡，是版权法的神圣使命。"技术措施不是版权人的原有权利，技术措施只能用于保护法律赋予的权利，而不应当用于取消法律规定的权利限制或者任意扩大权利的范围。"[1]在调整版权法的内容以应对数字技术的新发展时，既要考虑到版权人的合法权益保护是否充分，又要确保信息流通的畅通无阻、公众的合理使用空间不受不合理地压制，还要确保不对科技产业发展及技术革新造成阻碍，特别是要遏制技术措施保护对公共领域的"圈地运动"。在目前的版权扩张愈演愈烈的大环境下，要时刻谨记并执行对版权人"限权"的思想，避免加剧版权法被技术优势拥有者操控的程度，避免新的私有领域的产生或蔓延，最低要求是尽量减缓公有领域这片绿地被技术措施"沙漠化""盐碱化"的速度。笔者衷心希望并且愿意相信：在人类文明的今天，在互联网开放、合作

---

[1]　薛虹．千年之交的数字化权保护——从美国的 DMCA 看我国技术措施保护［J］．国际贸易，1998，（12）：36.

以及共享精神的主导以及深远影响下，版权将会与技术、文化、竞争、创新等重要因素和平共处、其乐融融，共同促进社会进步，增进人类福利。未来的技术措施制度将会更加克制、更加完善！

主要参考文献

一、著作

（一）中文类

[1] 陈传夫.信息资源知识产权制度研究［M］.长沙：湖南大学出版社，2008.

[2] 任自力，曹文泽.著作权法：原理·规则·案例［M］.北京：清华大学出版社，2006.

[3] 孙雷.邻接权研究［M］.北京：中国民主法制出版社，2009.

[4] 易健雄.技术发展与版权扩张［M］.北京：法律出版社，2009.

[5] 易继明.技术理性、社会发展与自由——科技法学导论［M］.北京：北京大学出版社，2005.

[6] 赵兴宏，毛牧然.网络法律与伦理问题研究［M］.沈阳：东北大学出版社，2003.47.

[7] 郑万青.全球化条件下的知识产权与人权［M］.北京：知识产权出版社，2006.

[8] ［美］劳伦斯·莱斯格.代码［M］.李旭等译.北京：中信出版社，2004.43.

[9] ［美］威廉·M.兰德斯，理查德·A.波斯纳.知识产权法的经

济结构［M］. 金海军译.北京：北京大学出版社，2005.

［10］［美］塔瑟尔（Joan Van Tassel）.数字权益管理：传媒业与娱乐业中数字作品的保护与盈利［M］. 王栋译.北京：人民邮电出版社，2009.

［11］［美］罗伯特·P.墨杰斯，彼特·S.迈乃尔等.新技术时代的知识产权法［M］. 齐筠，张清，彭霞，尹雪梅译.北京：中国政法大学出版社，2003.

［12］［德］M.雷炳德.著作权法（2004年第13版）［M］. 张恩民译.北京：法律出版社，2005.

［13］［匈］米哈依·菲彻尔.版权法与因特网（上、下）［M］. 郭寿康，万勇，相靖译.北京：中国大百科全书出版社，2009.

［14］十二国著作权法［M］.《十二国著作权法》翻译组译.北京：清华大学出版社，2011.178.

（二）外文类

［15］James Boyle, Shamans. Software and Spleens：Law and The Construction of the Information Society ［M］. Harvard University Press, 1996.

［16］Deazley, Ronan. Rethinking Copyright：History, Theory, Language ［M］. Cheltenham, UK；Northampton, Mass.：Edward Elgar Publishing Limited, 2006.

［17］Safavi-Naini, Reihaneh & Yung, Moti. Digital Rights Management Technologies, Issues, Challenges and Systems ［M］. Berlin Heidelberg：Springer-Verlag GmbH., 2006.

［18］Becker, Eberhard, ed. Digital Rights Management：Technological, Economic, Legal and Political Aspects ［M］. Berlin；New

York：Springer，2003.

［19］Safavi-Naini，Reihaneh，Yung，Moti，ed. Digital Rights Manage-ment：Technologies，Issues，Challenges and Systems ［A］．First International Conference，Drmtics 2005，Sydney，Australia，Oc-tober 31-November 2，2005：revised selected papers ［C］．Ber-lin；New York：Springer，2006.

二、论文

（一）中文类

［1］陈嘉欣.评武汉适普软件有限公司诉武汉地大空间信息有限公司侵犯计算机软件著作权纠纷案——对比北京精雕科技有限公司诉上海奈凯电子科技有限公司著作权侵权纠纷案浅论技术措施的构成要件 ［J］．中国商界，2010，（7）.

［2］陈小亮.技术措施的保护及其合理使用法律问题研究 ［D］．厦门：厦门大学，2010.

［3］曹世华.数字时代反规避权立法的比较与反思 ［J］．时代法学，2006，（3）.

［4］窦玉前.技术措施保护与合理使用的协调 ［J］．学术交流，2007，（11）.

［5］杜灵燕.破解技术保护措施后使用软件构成侵权 ［J］．人民司法，2010，（2）.

［6］段华萍.论完善我国版权技术措施的法律保护 ［D］．北京：中国政法大学，2008.

［7］范莉莉.论技术措施的版权保护 ［D］．青岛：中国海洋大学，2005.

［8］冯晓青.技术措施与著作权保护探讨［J］.法学杂志，2007，
（4）.

［9］冯震宇.数位内容之保护与科技保护措施——法律、产业与政
策的考量［J］.月旦法学杂志，2004，（105）.

［10］冯淑英，梁伟.关于完善著作权法上技术措施法律保护的思考
［J］.山东审判，2005，（4）.

［11］郭禾.规避技术措施行为的法律属性辩析［J］.电子知识产
权，2004，（10）.

［12］郭勇，崔晓文，唐路玫.试论技术措施版权保护的利益平衡
［J］.湖北社会科学，2004，（6）.

［13］贺羽，宋亚兰.美国网络版权技术措施保护的价值取向分析
［J］.乐山师范学院学报，2004，（6）.

［14］胡启明.技术措施版权期限的理论思考与制度设计［J］.行政
与法，2004，（3）.

［15］胡启明.论我国技术措施版权保护制度的完善［J］.湖南社会
科学，2004，（2）.

［16］黄梓洋，黄啸.论版权的技术措施保护［J］.长沙大学学报，
2010，（4）.

［17］黄武双，李进付.再评北京精雕诉上海奈凯计算机软件侵权
案——兼论软件技术保护措施与反向工程的合理纬度［J］.
电子知识产权，2007，（10）.

［18］李昕.版权"技术措施"的保护与规制［J］.菏泽学院学报，
2009，（4）.

［19］李丕赋，吴雅峰.寻求利益的平衡点——著作权法上技术措施
认定的法律研究［J］.科技与法律，2008，（6）.

［20］ 李娟.略论版权的技术保护措施［J］.山西高等学校社会科学学报，2007，（8）.

［21］ 李国英.论技术措施版权保护中的利益冲突与协调［J］.江海学刊，2007，（3）.

［22］ 李宴.对保护技术措施和信息管理的法律解析［J］.经济与社会发展，2006，（6）.

［23］ 李士林.论技术措施之性质［J］.福建政法管理干部学院学报，2005，（3）.

［24］ 李扬.简论技术措施和著作权的关系［J］.电子知识产权，2003，（9）.

［25］ 李祖明.互联网上的版权保护与限制［D］.北京：中国社会科学院，2002.

［26］ 黎运智.公众基本权利视域下的技术措施保护问题［J］.图书情报工作，2008，（10）.

［27］ 刘楠.技术措施的滥用和规制［D］.上海：华东政法大学，2008.

［28］ 刘芳.关于技术措施法律保护的若干思考［J］.北京化工大学学报（社会科学版），2007，（1）.

［29］ 吕彦昌.著作权合理使用与技术措施的法律冲突［J］.中共山西省委党校学报，2008，（2）.

［30］ 龙井.论反规避技术措施条款对版权合理使用制度的限制［J］.西北大学学报（哲学社会科学版），2006，（5）.

［31］ 孟佳.论规避技术措施与间接侵权［D］.上海：华东政法学院，2006.

［32］ 欧宁，真溱.略谈技术措施的法律地位和管理措施［J］.图书

情报工作，2008，（3）.

[33] 邵忠银.技术措施及其规避与私力救济［J］.广西青年干部学院学报，2007，（5）.

[34] 沈宗伦.论科技保护措施之保护于著作权法下之定性及其合理解释适用：以检讨我国著作权法第80条之2为中心［J］.台大法学论丛，2009，（2）.

[35] 孙雷.由Real DVD案谈技术措施保护若干问题［J］.知识产权，2010，（1）.

[36] 宋迁移.论技术保护措施的法律规避问题［J］.重庆科技学院学报（社会科学版），2008，（4）.

[37] 陶长洲.论版权技术措施滥用的法律规制［D］.长沙：湖南师范大学，2010.

[38] 陶中怡.技术措施与版权的合理使用［A］.张平.网络法律评论（第6卷）［C］.北京：法律出版社，2005.

[39] 唐广良.美国的《数字千年版权法》与技术措施保护制度［J］.电子知识产权，2004，（2）.

[40] 王海英.数字化作品版权反限制的限制——版权保护技术措施的法律控制［J］.中共福建省委党校学报，2008，（2）.

[41] 王迁.版权法保护技术措施的正当性［J］.法学研究，2011，（4）.

[42] 王迁，朱健.技术措施的"有效性"标准——评芬兰DVD-CSS技术措施保护案［J］.电子知识产权，2007，（9）.

[43] 王迁.滥用"技术措施"的法律对策——评美国Skylink案及Static案［J］.电子知识产权，2005，（1）.

[44] 王迁.美国保护技术措施的司法实践和立法评介［J］.西北大

学学报（哲学社会科学版），2000，（1）.

［45］吴伟光.数字技术环境下的版权法——危机与对策（博士）［D］.北京：中国社会科学院，2008.

［46］吴巍.论网络版权中技术措施的法律规制［D］.重庆：重庆大学，2008.

［47］吴晓.论技术措施与合理使用制度之法律冲突［J］.黑龙江省政法管理干部学院学报，2004，（6）.

［48］夏晓明.技术措施纳入版权法保护之探析［D］.上海：华东政法学院，2006.

［49］谢惠加.版权法之技术措施保护的加密研究限制［J］.信息网络安全，2009，（2）.

［50］谢惠加.技术创新视野下版权立法之完善［J］.科技进步与对策，2008，（3）.

［51］谢英士.谁取走我的奶酪？——从公法的视角谈著作权法上的技术保护措施［A］.张平.网络法律评论（第9卷）［C］.北京：法律出版社，2008.

［52］谢爱芳.保护著作权技术措施的法律问题研究［D］.厦门：厦门大学，2007.

［53］解丽军.技术措施的著作权法保护研究［D］.成都：四川大学，2005.

［54］徐聪颖.浅析技术措施的合理规避——兼评我国《信息网络传播权保护条例》的相关规定［J］.前沿，2007，（7）.

［55］徐聪颖.论网络环境下作品商业价值的实现——兼评数字技术措施的经济意义［J］.赤峰学院学报（汉文哲学社会科学版），2007，（2）.

[56] 徐聪颖.控制访问技术措施的法律保护 [J]. 前沿, 2004, (7).

[57] 徐进.论版权的技术保护措施 [D]. 重庆: 西南政法大学, 2006.

[58] 徐灵均.论版权技术措施的国际保护 [D]. 上海: 复旦大学, 2008.

[59] 叶林.数字化困境: 版权保护的技术措施 [D]. 北京: 清华大学, 2003.

[60] 易健雄.技术发展与版权扩张 [D]. 重庆: 西南政法大学, 2008.

[61] 杨静, 马华.论著作权技术措施及法律保护 [J]. 法学杂志, 2008, (2).

[62] 杨晖, 马宁.技术保护措施的新坐标——解读我国首例软件捆绑销售案 [J]. 知识产权, 2007, (2).

[63] 杨述兴.技术措施与版权法中的权利限制制度 [J]. 知识产权, 2004, (2).

[64] 姚鹤徽, 王太平.著作权技术保护措施之批判、反思与正确定位 [J]. 知识产权, 2009, (6).

[65] 赵林青.网络作品技术措施的法律保护 [J]. 西北大学学报(哲学社会科学版), 2007, (4).

[66] 赵静.共享软件技术措施的法律保护 [J]. 科技与法律, 2005, (1).

[67] 詹映, 朱雪忠.转基因作物新品种知识产权的技术措施保护初探 [J]. 科研管理, 2003, (5).

[68] 张异梦, 高文静.软件反盗版技术措施的法律思考 [J]. 科技

与法律，2005，（2）.

［69］张心全.著作权法中技术措施的适用例外——以美国为分析及借鉴视角［A］.张平.网络法律评论（第9卷）［C］.北京：法律出版社，2008.

［70］张耕.略论版权的技术保护措施［J］.现代法学，2004，（2）.

［71］章忠信.美国著作权法科技保护措施例外规定之探讨［EB/OL］. http://www.copyrightnote.org/paper/pa0043.doc，2011－08－23.

［72］章忠信.著作权法制中"科技保护措施"与"权利管理信息"之探讨［EB/OL］.http://www.copyrightnote.org，2011－08－23.

［73］章忠信.著作权法"防盗拷措施"条款例外规定要点之检讨［EB/OL］. http://www.copyrightnote.org，2011－08－23.

［74］周作斌.著作权的技术保护措施及相关问题探讨［J］.西安财经学院学报，2005，（4）.

［75］祝建军.对我国技术保护措施立法的反思——以文泰刻绘软件著作权案一审判决为例［J］.电子知识产权，2010，（6）.

［76］祝建军.破解技术保护措施的认定［J］.人民司法，2010，（6）.

［77］朱美虹.科技保护措施与对著作权保护之影响——以 Lexmark v. Static Control 为例［EB/OL］. http://www.copyrightnote.org/crnote/bbs.php？board＝35&act＝read&id＝43，2011－11－16.

［78］朱理.版权技术措施法律保护的三个等级——兼谈我国的技术措施保护立法［A］.张平.网络法律评论（第6卷）［C］.北京：法律出版社，2005.

［79］朱桂林.版权保护中的技术措施探析［J］.安徽警官职业学院学报，2004，（6）.

［80］张晓秦.论信息化时代著作权的演进与法律保护（博士）［D］.北京：对外经济贸易大学，2007.

［81］张寰.技术措施的版权法规制［D］.武汉：华中科技大学，2007.

［82］张沙琦.数字作品知识产权保护的技术措施研究［D］.武汉：华中师范大学，2006.

［83］赵厉珍.技术措施滥用的版权法规制研究［D］.西安：西安理工大学，2010.

［84］周学敏.版权法上技术措施的滥用与对策［D］.重庆：西南政法大学，2008.

［85］陈家骏.著作权科技保护措施之研究——研究报告［R］.台湾：中国台湾地区经济部智慧财产局委托研究专案，2004.

［86］［德］马尔库塞.单面人［A］.张伟译.上海社会科学院哲学研究所外国哲学研究室.法兰克福学派论著选辑（上卷）［C］.北京：商务印书馆，1998.

（二）外文类

［87］Aridor-Hershkovitz, Rachel. Antitrust Law – A Stranger in the Wikinomics World? Regulating Anti-Competitive Use of the DRM/DMCA Regime［EB/OL］. http://ssrn. com/abstract = 1498684, 2009 – 12 – 04.

［88］Basler, Wencke. Technological Protection Measures in the United States, the European Union and Germany：How Much Fair Use Do We Need in the "Digital World"？［J］. Virginia Journal of Law & Technology, 2003, 8（13）.

［89］Bechtold, Stefan. Digital Rights Management in the United States and Europe [J]. The American Journal of Comparative Law, 2004, 52 (2).

[90] Besek, June M. Anti-Circumvention Laws and Copyright [J]. Columbia Journal of Law & the Arts, 2004, 27 (2).

[91] Braun, Nora. The Interface between the Protection of Technological Measures and the Exercise of Exceptions to Copyright and Related Rights: Comparing the Situation in the United States and in the European Community [J]. E. I. P. R. , 2003, 25 (11).

[92] Burk, Dan L. Anticircumvention Misuse [J]. UCLA L. Rev. , 2003, 50.

[93] Cho. , Timothy M. Hollywood vs. The People of the United States of America: Regulating High-definition Content and Associated Anti-piracy Copyright Concerns [J]. The John Marshall Law School Review of Intellectual Property Law, 2007, 6 (3).

[94] Cover, Kathi A. The Emperor's Magic Suit: Proposed Legislation Will Tailor the Copyright Law to Fit the Internet[EB/OL]. http://ezinfo. use. indiana. edu/-dmasson/suit. html, 2010 - 08 - 11.

[95] Ezra, Lisa M. The Failure Of The Broadcast Flag: Copyright Protection To Make Hollywood Happy [J]. Hastings Communications and Entertainment Law Journal, 2005, 27.

[96] Fisher, William, & Harlow, Jacqueline. Studies Film and Media Studies and the Law of the DVD [J]. Cinema Journal, 2006, 45 (3).

[97] Gasser, Urs. Legal Frameworks and Technological Protection of Digital Content: Moving forward towards a Best Practice Model

［J］. Fordham Intell. Prop. Media & Ent. L. J. , 2006, (17).

［98］ Ginsburg, J. C. Copyright Use and Abuse on the Internet ［J］. Columbia-VLA Journal of Law & the Arts, 2000, 24 (1).

［99］ Grimmelmann, James. Regulation by Software ［J］. The Yale Law Journal, 2005, 114 (7).

［100］ Herman, Bill D. & Gandy, Jr. , Oscar H. Catch 1201: a Legislative History and Content Analysis of the DMCA Exemption Proceedings ［J］. Cardozo Arts & Entertainment, 2006, 24.

［101］ Jensen, Christopher,. The More Things Change, the More They Stay the Same: Copyright, Digital Technology, and Social Norms ［J］. Stanford Law Review, 2003, 56 (2).

［102］ Katz, Ariel. A Network Effects Perspective on Software Piracy ［J］. The University of Toronto Law Journal, 2005, 55 (2).

［103］ Kerr, Ian, Maurushat, Alana & Tacit, Chriatian S. Technical Protection Measures: Part I – Trends in Technical Protection Measures and Circumvention Technologies 2 (2002) ［EB/OL］. http: //www. patrimoinecanadien. gc. ca/progs/ac-ca/progs/pda-cpb/pubs/protection/protection e. pdf, 2010 – 01 – 04.

［104］ Koelman, Kamiel. A Hard Nut to Crack: The Protection of Technological Measures ［J］. E. I. P. R. , 2000, 22 (6).

［105］ Lunney, Jr. , Glynn S. The Death of Copyright: Digital Technology, Private Copying, and the Digital Millennium Copyright Act ［J］. Virginia Law Review, 2001, 87 (5).

［106］ Mihály Ficsor. Copyright for the Digital Era: The WIPO "Internet" Treaties ［J］. COLUM. -VLA J. L. & Arts, 1997, 21.

[107] Nimmer, David. A Riff on Fair Use in the Digital Millennium Copyright Act[J]. University of Pennsylvania Law Review, 2000, 148 (3).

[108] Parchomovsky, Gideon & Goldman, Kevin A. Fair Use Harbors [J]. Virginia Law Review, 2007, 93 (6).

[109] Perzanowski, Aaron K. Rethinking Anticircumvention's Interoperability Policy [J]. University of California, Davis, 2009, 42.

[110] Perzanowski, Aaron K. Evolving Standards & the Future of the DMCA Anticircumvention Rulemaking [J]. Journal of Internet Law, 2007, 10.

[111] Rothchild, John A. The Social Costs of Technological Protection Measures [J]. Florida State University Law Review, 2007, 34.

[112] Samuelson, Pamela. Anticircumvention Rules: Threat to Science [J]. Science, 2001, 293.

[113] Samuelson, Pamela. Intellectual Property and the Digital Economy: Why the Anti-circumvention Regulations Need to Be Revised [J]. Berkeley Tech. L. J., 1999, 14.

[114] Samuelson, Pamela. The Digital Agenda of the World Intellectual Property Organization: Principle Paper: The U. S. Agenda at WIPO [J]. Va. J. Int'l L., 1997, (37).

[115] Schlachter, The Intellectual Property Renaissance in Cyberspace: Why Copyright Law could be Unimportant on the Internet [J]. Berkeley Technology Law Journal, 1997, 12.

[116] Seltzer, Wendy. The Imperfect is the Enemy of the Good: Anticircumvention versus Open User Innovation [J]. Berkeley Technology Law Journal, 2010, 25.

[117] Sirinelli, Pierre. The Scope of the Prohibition on Circumvention of Technological Measures: Exceptions [EB/OL]. http: //www. law. Columbia. edu/law conference 2001. htm, 2011 – 11 – 10.

[118] Tian Yijun. Problems of Anti-Circumvention Rules in the DMCA & More Heterogeneous Solutions [J]. Fordham Intell. Prop. Media & Ent. L. J. , 2005, 15.

[119] Torsen, Molly. Lexmark, Watermarks, Skylink and Marketplaces: Misuse and Misperception of the Digital Millennium Copyright Act's Anticircumvention Provision [J]. Chicago-Kent Journal of Intellectual Property, 2004, (4).

[120] Tushnet, Rebecca. I Put You There: User-Generated Content and Anticircumvention [J]. Vand. J. Ent. & Tech. L. , 2010, 12.

[121] Vinje, Thomas C. The New WIPO Copyright Treaty: A Happy Result in Geneva [J]. E. I. P. R. , 1997, 19 (5).

[122] Wagner, R. Polk. Reconsidering the DMCA [J]. HOUSTON LAW REVIEW, 2005, 42 (4).

[123] Waldron, Jeremy. From Authors to Copiers: Individual Rights and Social Values in Intellectual Property [J]. Chi-Kent Law Review, 1993. 851.

[124] Wang, Richard Li-Dar. Dmca Anti-circumvention Provisions in a Different Light: Perspectives from Transantional Observation of Five Jurisdictions [EB/OL]. http: //ssrn. com/abstract = 1025181, 2010 – 02 – 19.

[125] Yu. , Peter K. Anticircumvention and Anti-anticircumvention [J]. Denver University Law Review, 2006, 84 (1).

后　记

本书是我的处女作。

在本书的写作过程中，得到了许多师长、朋友和家人的帮助和支持。衷心感谢你们对我的无私关心、鼎力帮助和热心支持！

特别感谢我的导师林秀芹教授。在我攻读博士学位的三年里，她为我的成长提供了无数的极其宝贵的学习机会，包括许多难以获取的资源；她的谆谆教诲、鞭策和鼓励，一直是我努力前进的重要动力；她锲而不舍的学术坚持、严谨的治学态度和一丝不苟的精神，会让我受益终身。在本书的写作、修改等阶段，林秀芹教授也给予了悉心指导和非常宝贵的建议，对我的写作有相当大的帮助，并大力推进了本书的出版速度。

感谢我的家人，尤其是我的母亲和先生。他们承担了所有家事，悉心照料小孩，让我能安心写作，没有任何后顾之忧，从而顺利完成本书的写作、修改和出版工作。

本书既是我从事知识产权领域研究的一个小结，也是我继续前进的新起点。

谨以此书献给我最亲爱的母亲、先生和孩子！

董慧娟

2014 年 5 月